JN059582

農家の未来は
マーケティング思考にある

EC・直売・輸出　売れるしくみの作り方

折笠俊輔

はじめに

「農業にはマーケティングが必要だ」

「マーケットインの農業がこれからは重要だ」

　どちらも、ここ数年でよく聞く言葉ではないでしょうか。

　ＪＡや自治体が主催する勉強会でも、マーケティングがテーマになることも増えてきています。

　確かに、生産だけではなく、その後の流通・販売までを考えて農業をおこなっていくことは、これからの農業経営にとって、非常に重要なテーマです。

　高度経済成長期、日本は「モノ不足」でした。経済の成長だけではなく、人口も増加している時でもあり、一定以上の品質を持っていれば、農産物も「作れば売れた」時代でした。

　当時は、需要が供給を上回っていたこともあり、農産物の取引価格も比較的安定していたと聞きます。

　しかし、現在は少子高齢化となり、人口も徐々に減少しています。そのため、供給が需要を上回るようになり、作るだけで、何もしなくても売れる時代ではなくなりました。

　下表は、（公財）流通経済研究所が、家計調査という国の統計を使って、２０１６年の消費金額を基準として、２０３０年の品目別の消費金額を予測したデータです。

　このデータによると、食料全体は、２０１６年から

2030年の品目別消費金額予測

	30/16年比	構成比		
		2016年	2030年	30-16年
食料	▲3.1%	100%	100%	-
油脂・調味料	▲3.8%	4.4%	4.3%	▲0.0%p
飲料	+3.0%	5.8%	6.2%	+0.4%p
酒類	▲6.5%	4.5%	4.3%	▲0.2%p
菓子類	▲1.1%	8.7%	8.9%	+0.2%p
乳卵類	▲5.9%	4.7%	4.5%	▲0.1%p
調理食品	+0.8%	13.0%	13.5%	+0.5%p
野菜・海藻	▲9.9%	11.0%	10.2%	▲0.8%p
果物	▲28.3%	4.1%	3.0%	▲1.1%p
魚介類	▲25.4%	7.9%	6.1%	▲1.8%p
肉類	▲8.6%	8.8%	8.3%	▲0.5%p
穀類	▲5.5%	8.0%	7.8%	▲0.2%p
外食	▲0.9%	19.4%	19.9%	+0.4%p
（誤差）	-	-0.1%	3.0%	-

２０３０年で３・１％減少する予想になっています。

これは少子高齢化と人口減少で、食料の消費金額は全体で減少するということを示しています。

品目別にみると、野菜・海藻（−９・９％）、果物（−28・３％）、魚介類（−25・４％）などは、多品目にくらべ減少の割合が大きくなっています。

その一方で、調理食品（＋０・８％）は伸びる予想です。

ここからわかることは、果物などを中心に、**何もしなければ国内全体の消費は大きく減少していく**、ということです。

国内の人口が伸びているわけでも、需要が拡大しているわけでもない現在、昨日と同じことを今日も行い、昨年と同じことを今年も行っているだけでは、食と農のビジネスは消費に連動して縮小していってしまいます。

毎年、同じ農産物を同じように生産していれば大丈夫、という時代ではないのです。

生物進化論では、強いものではなく、環境に最も適したものが生き残ると言われています。ビジネスも同じで、時代の変化、環境の変化に対応し、適したものが生き残ります。

マーケティングは、市場を表すマーケット（Market）を進行形にしたことばです。つまり、マーケティングということばには、市場の変化に対応し続ける、という意味が含まれているのです。

生き残るためには、市場の変化に合わせて自らの農業を変えていく、進化させていくことが重要であり、その変化への適応手段の一つがマーケティングです。

本書では、いわゆるマーケティングの基本的な理論から、ブランドづくり、地域密着で行う直売所での販売、グローバル展開としての輸出まで、実践で使える内容を、できるだけわかりやすく紹介します。少しでも皆様の農業に貢献できれば幸いです。

農家の未来はマーケティング思考にある　目次

はじめに　2

第1章　これからの農業にはマーケティング思考が必要　11
マーケティングはお客様づくりである　12
経営とマーケティング　17
食べる人から農業を考える　20
食べる人と買う人が違う可能性を考える　23

第2章　顧客の欲しいはニーズではない!?　27
不満や不足を解決したい、がニーズの正体　28
「なぜ?」で本当のニーズをとらえよう　37
自分の農産物の2つの価値を考えよう　43
普通の生活で食のトレンドはわかる　48

第3章　マーケティングのはじめかた　57
マーケティング実践のステップ　58
お客さんを分類してみよう　68
ターゲットとするお客さんを決めよう　72

商品のオリジナリティで差別化しよう 75
具体的に取り組む内容を決めよう 82

第4章 ブランドのつくり方 89
ブランドは、売れ続けるための仕組みづくり 90
ブランドをつくるために、必要なもの 93
差別化と約束で強いブランドをつくる 100
地域と連携したブランドをつくる 105
ブランドの価値を考えよう 111
ブランドは育てるもの 119

第5章 6次産業化のマーケティング 123
稼ぐための6次産業化 124
地域との連携が重要 129
6次産業化の商品づくりのポイント 136
まず地元から! 戦国武将戦略のススメ 145
6次産業化と経営 149

第6章 輸出のマーケティング 153
輸出先の人々を知るのが成功への第一歩 154

「富裕層」というターゲットはやめよう 162
現地に合わせる？ 文化ごと輸出する？ 168
お金と商品をしっかりと流れるようにする 173
海外での商品価値の伝え方 178

第7章 インターネット販売（EC）のマーケティング 183
商品のよさを伝えられるインターネット販売 184
インターネット販売は簡単に始められる 192
顧客とのコミュニケーションが鍵を握る 199
インターネット販売ならではのよさを出す 205

第8章 直売所のマーケティング 209
直売所のよさ 210
客単価をあげて直売所の売上を伸ばそう 213
直売所の売り場づくり 7つのポイント 216
直売所で価格競争から脱却するには？ 230

さいごに 234
参考文献 238

第1章

これからの農業にはマーケティング思考が必要

マーケティングはお客様づくりである

豊作貧乏、という言葉があります。

農業において、豊作のとき、周囲の生産者も豊作であるために需要と供給のバランスが崩れ、取引価格が安くなってしまい、利益があがらないことを表す言葉です。豊作なのに儲からない、生産者として悔しいシチュエーションです。

農業をビジネスとして営む以上、利益をあげることは大切なことです。

ビジネスにおいて利益がでる、ということは顧客が商品やサービスに対して、ちゃんとした対価を払ってくれていることであり、顧客に対してしっかりと価値を提供できているということです。

むしろ、利益が出せないビジネスは、顧客や社会から必要とされていない可能性があります。

不当に利益を出すことは悪ですが、正当な利益を出すことは「産業」として「農業」に取り組む上で必要なものです。

豊作貧乏になってしまう要因は需要と供給のバランスが崩れてしまっていることにあります。マーケットに出てくる農産物の量の方が、人々の欲している量よりも多いために、価格が下がってしまうのです。

しかし、意外なことにそんなときでも、一部の消費者からすると「足りない」ことがあったり、商品に「不満」があったりすることがあります。

たとえば、「トマトはたくさん売られているのに、自分が欲しい有機栽培のトマトはない」とか、「丸ナスが欲しいのに、長ナスしかない」とか、「もっと酸味の強いミカンの方が好みなのに、甘いミカンしかない」といったものです。

いま、消費者の食生活や好みも多様化しています。全体として商品の量は余っている状況でも、消費者の農産物の使い方や好みなどによっては、不足や不満が発生しているのです。

では、これからの農業生産者は、

みんなが作っているものを、同じように作るだけでいいのでしょうか？

今まで作っていたものを、今まで通り作るだけでいいのでしょうか？

これを考えて、時代の変化や顧客の要望に対応することがマーケティングなのです。

売り方や広告は、その一部でしかありません。

たとえば、ミニトマトを作る場合、どのようなタイプ（味や食感、形、色）が食べる人に喜んでもらえるか、どのように作る（ハウス、有機栽培、減農薬…）と社会や地域にとって価値があるかを考えて、生産を行い、そのトマトの価値をうまく伝えて（ＷＥＢやＳＮＳ、チラシ、口コミなど）、対象となる顧客に販売（届けて、お金と交換）するまでの仕組み全体がマーケティングであると言えます。

有名なマーケティングの理論に「**マーケティングの４Ｐ**」があります。

Product（商品）、Price（価格）、Place（販売場所）、Promotion（プロモーション）の頭文字をとったもので、商品を作り、価格を設定し、販売チャネルを選び、商品の良さを伝えるという4つの施策が、マーケティングの基本であることをさすことばです。

よく誤解されるのですが、販売戦略だけがマーケティングではありません。

農産物の価値を創造するため、生産から流通、販売までの全体のしくみを作っていくのがマーケティングです。

平たくいうと、マーケティングとは「売れるしくみを作ること」なのです。

ただ、ここで重要なポイントがあります。

売れるしくみの中心にいるのは誰でしょうか？

商品を作る「生産者」でしょうか？

いいえ、違います。

売れるしくみの中心にいるのは顧客です。

「売れる＝顧客が買う」と考えれば、売れるしくみとは、顧客が買ってくれるしくみで、「お客様づくり」こそがマーケティングなのです。

〈参考　マーケティングの学術的な定義〉

アメリカのマーケティング協会によれば、マーケティングは、「顧客、依頼人、パートナー、社会全体にとって価値のある提供物を創造・伝達・配達・交換するための活動であり、一連の制度、そしてプロセスである」と定義されています。

これを農業に置き換えれば、「食べる人、流通業者、地域や社会にとって価値のある農産物をつくり、届けて、交換し、その価値を伝えていくための仕組み全体」ということになります。

経営とマーケティング

農業を本業として営み、収入を得て暮らしていくなら、個人であっても、家族であっても、農業法人であっても、「経営」を行う必要があります。

辞書をひくと、経営とは「事業目的を達成するために、継続的・計画的に意思決定を行って実行に移し、事業を管理・遂行すること」とあります。

目的を設定し、計画を立て、意思決定をして実施し、それを管理するのが経営です。

では、あなたが農業という事業を行う目的は何でしょうか？

（例）収益をあげ、農業法人の規模を拡大し、上場をめざす
（例）農業を通じて、従業員とお客様の幸せを追求する
（例）品質・量ともに世界で一番のナスの生産者になる

いろいろな目的があると思いますが、「経営」の第一歩は、この事業目的や経営理念といった「なんのために、この事業を行うのか」を明らかにしたうえで、それをしっかりと人に伝えられるように見える化する（文章化するなど）ことです。

事業目的を明確にすれば、それを達成するための計画を立てて、実行し、管理していくことができます。

では、ここで「農業経営」に必要なもの、つまり、事業目的を達成するために何が必要かを考えてみましょう。

一般的に経営に必要な代表的な資源・要素として、ヒト・モノ・カネがあげられます。これは農業経営でも同じです。

農産物という商品を生産するための設備（モノ）、経営をしっかりと回していく（計画を実行していく）ために必要な資金（カネ）、生産や販売に携わる家族や従業員（ヒト）が農業経営の資源・要素で、農業経営者は、それぞれを培っていかなければなりません。

モノづくり ⇓農産物の生産技術、品質管理技術、機械・設備等、生産の根底にあるもの
カネづくり ⇓資金作り、ファイナンス、補助金、銀行融資等
ヒトづくり ⇓組織づくり、そのマネジメント、人材育成など

図1-1　農業経営に必要な要素

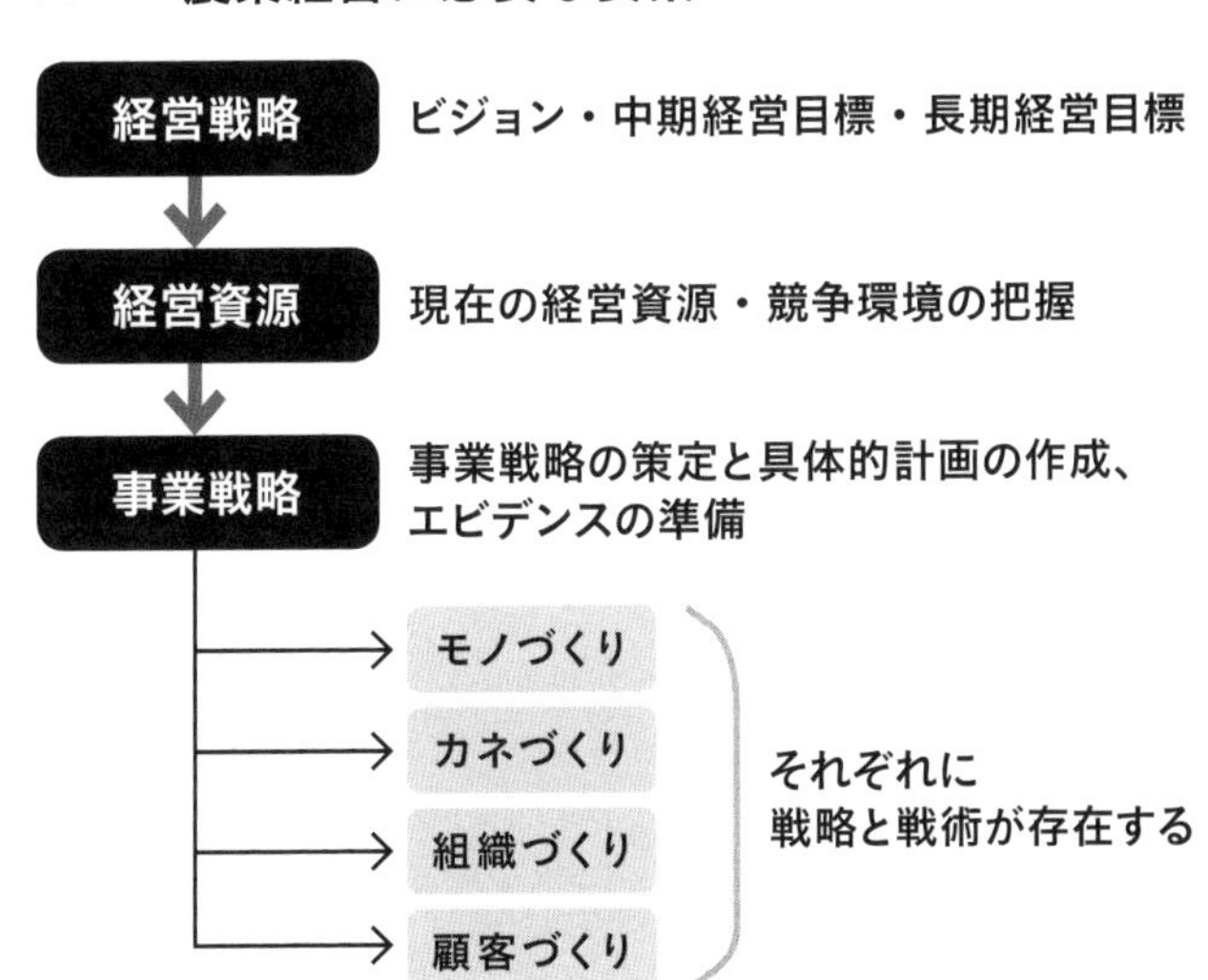

さらに、今はいいものを作れば売れる、という時代ではありませんから、マーケティングによる顧客づくりが求められます。

事業目的を達成するには、どのように顧客と接し、どのような価値を顧客に提供していくのかを考え、買ってもらえる商品づくりを行い、販売方法を立案し、それらを実践していく必要があります。

そのマーケティングのためにも、自分の農業の方向性、農業経営の目的をはっきりさせておかなければならないのです。（図1-1）

食べる人から農業を考える

最近、マーケットインの農業、という言葉をよく聞きます。ここでは、「マーケットイン」について考えてみましょう。

マーケットインとよく対比されるのが「プロダクトアウト」です。プロダクトアウトは、「はじめに商品ありき」の考え方で、生産者がいいと思うものを作ってから売るという発想です。それに対し、マーケットインとは「はじめに顧客ありき」の考え方で、顧客のニーズを調べて、それに対応するものを作って売る、という発想です。つまり、マーケットインの農業とは「食べる人」から農業を考えていく、という意味になります。

プロダクトアウトで農業を行う場合、商品に鮮度があることがリスクになります。

農産物は米などの穀物や一部の貯蔵できる青果物を除き、一般的には収穫したらすぐに

図1-2 プロダクトアウトとマーケットイン

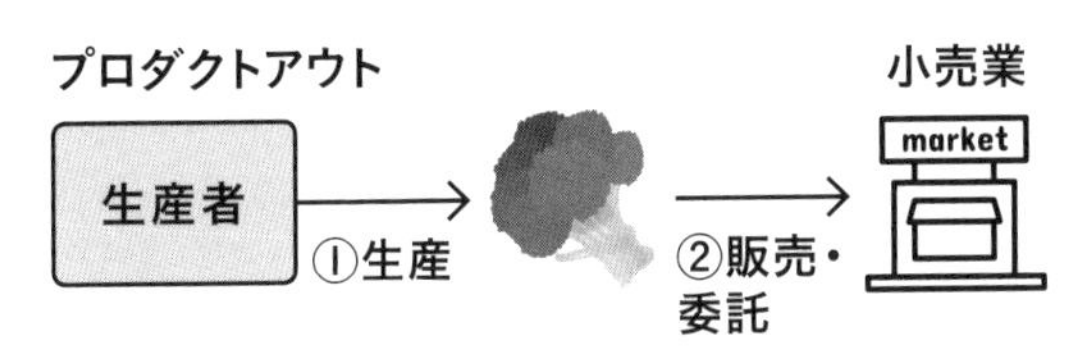

収穫したら、出荷しなければならない。出荷しなければ品質が低下する。収穫した全量を出荷するために、豊作のときは価格下落を招きやすい。

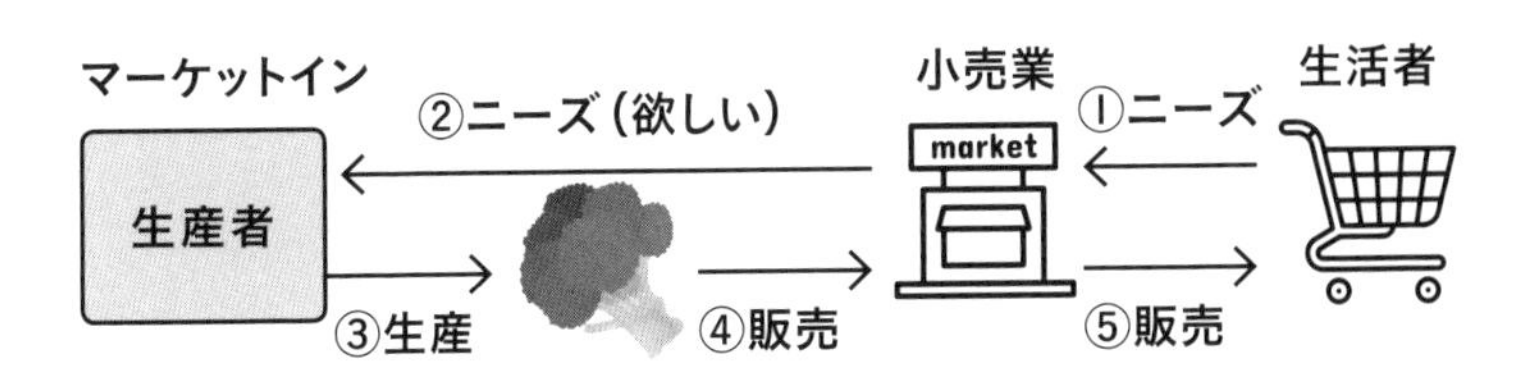

出荷します。品質変化の速度が極めて速く、品質を保持しているうちでないと商品にならないからです。

そのため、プロダクトアウトの生産・販売では、供給が需要を上回ると、無理に買ってもらおうとして安い価格で買いたたかれたり、無理な値引をしてしまったりします。

一方、マーケットインは顧客の「欲しい」商品を生産しますから、理論上は、ある程度安定した販売をすることができます。

注文を受けてから生産販売する受注生産は、マーケットインの典型だといえるでしょう。注文に合わせた量を生産すれば、余剰が出て価格が下落する、といったことも発生しにくいのです。（図1-2）

図1-3　マーケットインで考えるべきこと

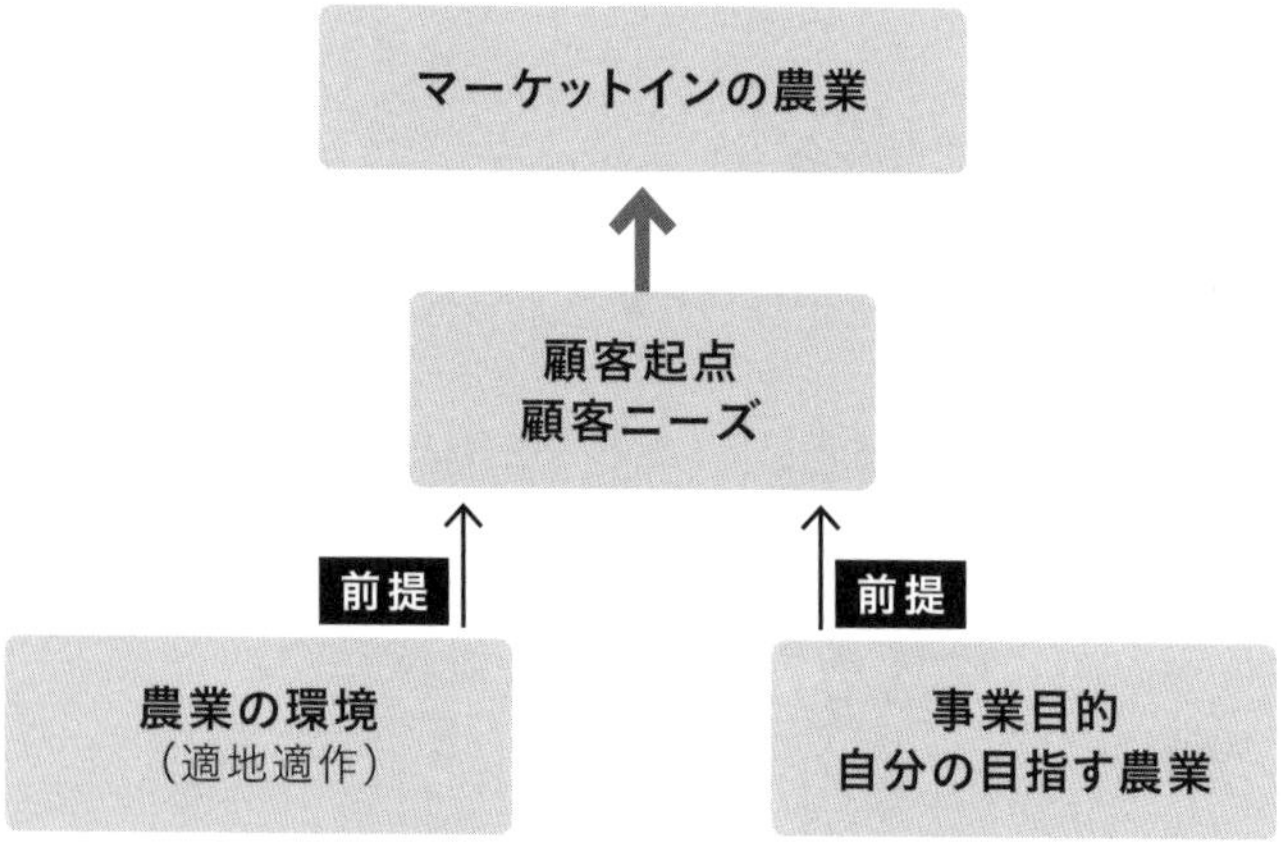

マーケットインの農業

顧客起点
顧客ニーズ

前提

農業の環境
（適地適作）

前提

事業目的
自分の目指す農業

しかし、農業においては、完全なマーケットインの実践は難しいでしょう。

適地適作、ということばがある通り、その土地の気候や風土に合った農産物を生産することが生産性の面からは重要だからです。

たとえば、いくらマーケットから南国フルーツが求められていたとしても、それを無理矢理に北海道で生産することは経営的に難しいと言えます。

農業におけるマーケットインは、農業を行う地域の気候や土壌といった環境の要素と、自分がどういった農業を実施したいのかという事業目的を踏まえたうえで、食べる人（顧客）の視点で商品や販売方法を考えることなのです。（図1-3）

食べる人と買う人が違う可能性を考える

食の分野のマーケティングで「お客様づくり」を考えるときは、「食べる人」と「買う人」が異なるシチュエーションが多いことに気をつける必要があります。

代表的なものでいえば、ギフトです。お歳暮やお中元、お祝いのギフトなどは、贈る側が買う人であり、もらう側が食べる人になります。この場合、その両方を顧客（≒消費者）とみて、マーケティングを考える必要があります。

贈る側（買う人）には、どうやったら、ギフトとしてこの商品を選んでもらえるか。他の商品ではなく、自分の商品を選んでもらうためにはどうするべきか。

もらう側（食べる人）には、どうやったら喜んでもらえるか。さらには、今後、もらう側だった人が贈る側になったとき、どうやったら選んでもらえるか。

ギフトの場合、買う人、食べる人の両方でリピートの可能性があります。

そう考えると、売る場所でどのような訴求をするか、箱やパッケージに入れる商品紹介文にどのような記載をするべきか、買う人、食べる人の視点で考えていくことが重要だとわかると思います。

贈る人の気持ちを代弁できる商品、貰った人が他の人にギフトを送るときに使いたいと思わせる商品、その両方の要素を包括させる発想が必要です。


「おみやげ」も、買う人と食べる人が異なります。

買う人は、商品の真正性（その地域のお土産として適しているか、特産物であるか）といったことに加え、価格や旅行バッグに入る（収まる）か、運搬中に割れないか、腐らないかといった持ち運びなどの実用性を評価しますが、もらう側である食べる人は、贈り手の気持ちに感謝しつつ、商品については真正性に加え、味や品質といったものを評価します。買う人と食べる人で、評価の軸が少し異なるかもしれません。


一般的なスーパーなどでも、買う人と食べる人が異なるシチュエーションはあります。

たとえば、スーパーで販売される野菜は、家庭内で料理をする人が家族の分をまとめて買いますから、来店する人だけでなく、家族に向けた訴求も有効です。「お酒のおつまみ」と訴求すれば、お酒を飲まない妻がお酒を飲む夫のために購入するシチュエーションが発生します。

子供向けの商品は、親が買う人で、子供は食べる人です。子供向けの商品の場合、子供に訴求するだけではなく、それを購入する親向けのメッセージも重要です。

「お客様づくり」のマーケティング戦略では、自分の作った農産物、商品が、どのように店頭にならび、どのように購入され、それがどのように食べられるのか、具体的にイメージしていくことが大切です。

食べられるシチュエーションとして、どんなときに、誰が、誰と、どうやって食べるか、なども想像してみましょう。

購入から消費（食べる）までの一連の流れを意識して消費者をとらえると、食べる人、買う人の両方に喜んでもらえるアイデアが生まれてきます。

飲食店向けに農産物を販売する場合などが代表的ですが、農産物を購入して、調理して、消費者に提供する料理人やバイヤーは生産者から見れば「買う人」ですが、「食べる人」

はそのお店に来た消費者です。自分の農産物が畑から収穫されて、消費者の口に入るまでの流れを考えると、この場合は買う人である飲食店への訴求と、食べる人である消費者への訴求の2つの視点があることに気づくでしょう。

飲食店に食材として採用してもらうためには、料理人やバイヤーに響くアピールが必要です。自分の農産物の売りや、採用するメリットを訴えかけるのです。

消費者に対しては、SNSなどを通じて「食べてみたい」と思えるような自分の農産物の味や品質を訴求し、納品している飲食店に消費者を誘導することなどが考えられます。

あなたのSNSアカウントのフォロワー数が多ければ、「うちの野菜を使っていただければ、私のfacebookページで貴店を紹介いたします」というように、飲食店向けの営業に使うことも考えられます。

ほかにも、鉢植えの花を売る場合など、贈る人が購入し、もらう人が飾る（消費する）という一連のプロセスに目をむければ、贈る人向けのサービス（たとえば、メッセージカードをつける、毎年、決まった日に送るなど）や、もらった人向けのサービス（その花の育て方の手作りマニュアルを同梱する、youtubeで育て方の動画を公開する、飾り方の事例を紹介する）といった差別化につながるようなアイデアが生まれてきます。

第2章

顧客の欲しいは、ニーズではない!?

不満や不足を解決したい、がニーズの正体

第1章では「消費者を発想の起点として農業を考えることが、マーケットインの第一歩である」と説明しました。

では、消費者は、いったい何を求めているのでしょうか。

一般的には、消費者の求めているもの、つまり「欲しい」をニーズと呼んだりします。たとえば、新しい携帯ゲーム機が発売され、それが飛ぶように売れて売り切れになってしまうと、「新型ゲーム機のニーズに生産が追いつかない」と表現されたりします。

しかし、この消費者の「欲しい」は、ニーズではないのです。

マーケティングの考え方としてのニーズとは、人々が行動する中で感じるさまざまな「現状の不満・不足」と、「自分の考える理想的な状態」との間のギャップのことを指します。

つまり、消費者のニーズとは自分の持つ不満や不足といった「不」の問題を解決すること、と言ってもいいでしょう。

ですから単純な「欲しい」という感情とは違います。これを農産物を例に、解説してみましょう。

図 2-1
ニーズとはギャップの解決である

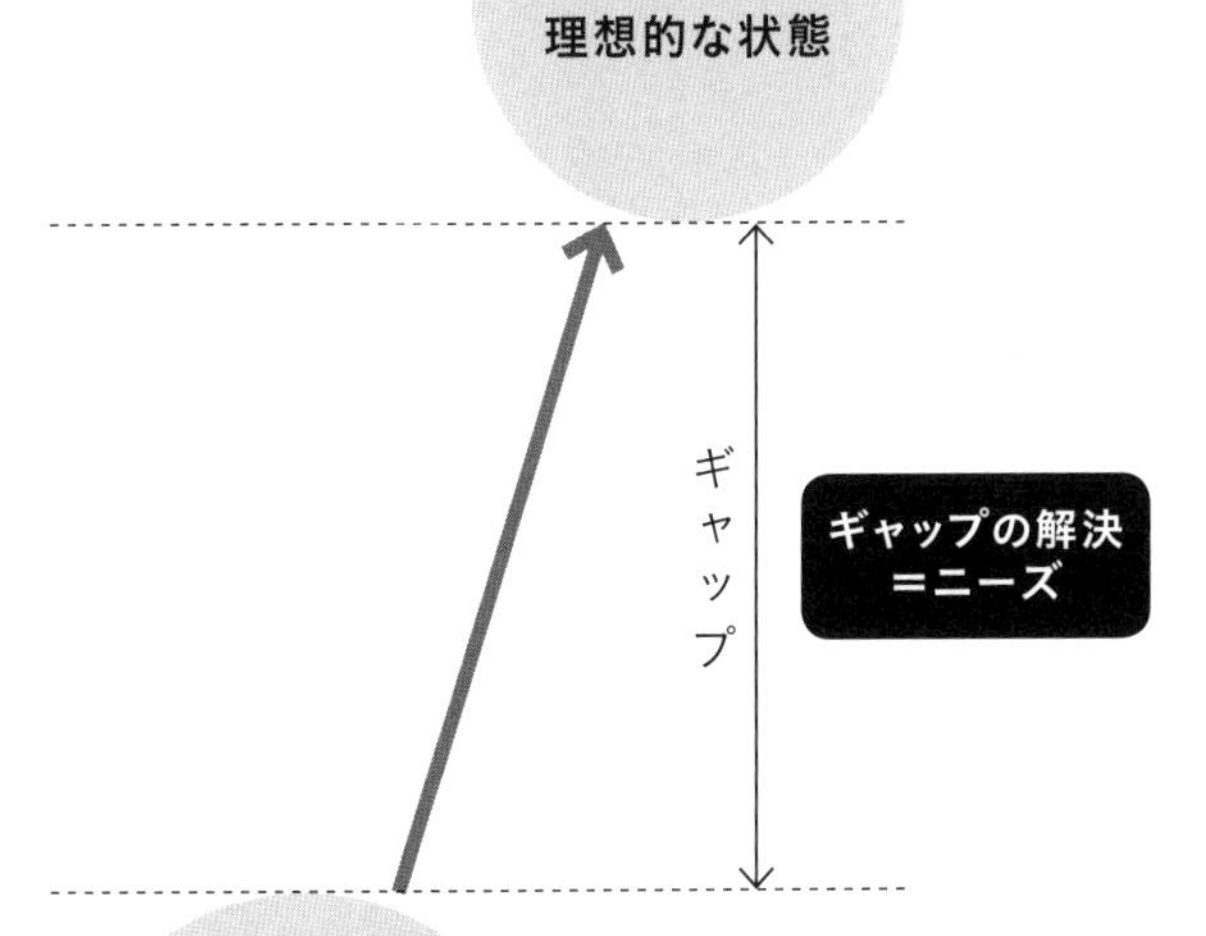

事例

ある日、テレビ番組でブロッコリー特集があり、ブロッコリーの栄養価の高さや健康効果が紹介された翌日、ブロッコリーがよく売れた

間違いがちな解釈

×

テレビ番組で取り上げられたから、ブロッコリーのニーズが高まった。

正しいニーズの解釈

○

自分の体の健康状態に不安や不満を持つ消費者が、理想の状態としての健康体とのギャップを少しでも埋めるために、テレビで紹介されていたブロッコリーを買った。

さて、ここで考えてみましょう。売れたものは「ブロッコリー」ですが、ニーズは「ブロッコリー」ではありません。

この事例でのニーズ、つまり人々が解消したい問題は「不健康」であり、人々は健康が欲しいから、ブロッコリーを手段として購入したのです。

本当のニーズは「健康になること」です。

もし、同じテレビ番組で翌週、別の食材が健康にいいと取り上げられれば、次はその食材が売れるでしょう。

テレビ番組を見て、ブロッコリーを購入した人々のニーズは健康にあり、ブロッコリーは「健康になるための、その週の手段」だったわけです。

ニーズという言葉は「今、イタリア野菜のニーズが高まっている」とか、「飼料用米のニーズが…」というように使われるので、「ニーズ」は商品そのものを指すように考えてしまいがちですが、違います。

最も重要なことは、人々のニーズは、「モノ」や「サービス」ではなく、それらを購入して使うことで、自分自身が抱えるどのような問題が解決できるか、ということなのです。

この「ニーズ」の考え方を理解できれば、自然とマーケティング的な考え方ができるようになります。

今度はビデオカメラを例に考えてみましょう。

事例

ビデオカメラを
本質的に欲しい人はいるでしょうか?
⬇ビデオカメラを買う人は、現状のどのような問題を解決したいのでしょうか?

ビデオカメラを買う人のニーズ(想定)

✔思い出のシーンをずっと覚えていたいけれど、それは難しい
✔ここにいない人と、自分の見ている光景を共有したい

つまり、ビデオカメラを買う人のニーズは、ビデオカメラという機器にあるのではなく、思い出を後から見るために映像として残す、あるいは誰かとその映像をシェアする、ということにあります。

だからこそ、多くのビデオカメラのカタログやパンフレットには、子供の運動会を撮影しているようなイメージ写真が使われます。

子供の成長の記録は、後から見たい思い出であり、おじいちゃん、おばあちゃんといった親戚とシェアしたい最も一般的な光景だからです。

ちなみに、家庭用ビデオカメラの市場は縮小の一途をたどっていますが、なぜでしょうか？

答えは、スマートフォン（以降、スマホと記載）が普及したから、です。

思い出を映像として残す、それを誰かとシェアする、というニーズは、ビデオカメラがなくてもスマホで満たすことができます。むしろ、常に手元にあり、気軽に使えるという点ではスマホの方が便利だと言えるでしょう。

つまり、ビデオカメラの本当のニーズは、「思い出を映像として記録に残す」ことだったから、そのニーズをもっと手軽に満たすスマホが登場したことで、ビデオカメラは売れなくなったのです。

では、また農産物で考えてみましょう。

例題　**ミニトマトを買う人のニーズを考えてみましょう**

ニーズの例

- **トマトは好きだけど、包丁で切るのが面倒だから一口大のミニトマトが便利**
- **お弁当に入れると彩りが豊かになり、すき間を埋めることができ、汁が出ないお弁当用の野菜として理想的である**
- **大玉のトマトよりも糖度が高いものが多く、野菜が苦手な子供でも喜んで食べるのがいい**

いかがでしょうか。こうした消費者のニーズがわかれば、それに合わせた売り方や商品化ができるのではないでしょうか。

ニーズの例に合わせた商品化の案（イメージ）

✔お弁当用のミニトマトとして販売する

商品名を「お弁当用ミニトマト」にしてみる

異なる色のミニトマトを複数種類組み合わせて商品化する

✔子供向けの野菜として商品化する

「こどもトマト」や「おやつトマト」のようなネーミングを行う

幼稚園や保育園向けの商品として展開する

このように、自分の作った農産物を購入し、食べてくれる消費者が、本当の意味でどのようなニーズを持っているかを知ることができれば、それに合わせた商品化や販売方法を考えることができます。

顧客ニーズは、商品そのものではなく、顧客が解決したい問題（不満など）への対応であり、商品から得られる価値であると言えます。

マーケティングの発想力を鍛えるためには、顧客ニーズの正しい把握が重要なのです。

図 2-2

表面的なニーズいから本当のニーズを探る

イチゴ2粒をパックした
商品が欲しい

ある商談にて

表面的なニーズ

バレンタインに
果物のプチギフトを
ラインナップしたい

本当のニーズ

《この本当のニーズは？》
イチゴの
小容量パッケージ？
↓
イチゴでなくても
プチギフトに向いた果物なら
OKの可能性も

「なぜ?」で本当のニーズをとらえよう

では、消費者の本当のニーズは、どうしたら知ることができるでしょうか。

メディアなどで「○○が人気」、「○○が売れている」といった情報を得ることはできますが、その商品が買われているニーズまで報じられるケースは多くはありません。

自分で作っている農産物が、直売所などでよく売れていたとしても、売上の数字だけでは農産物を買った消費者のニーズまではわかりません。

自分の作った農産物を購入する顧客のニーズを知ることができれば、それに合わせた販売方法を考えたり、パッケージを見直したりすることができ、もっと販売量を増やすことができるかもしれません。

顧客ニーズを把握する方法として、最もシンプルで簡単な方法は「なぜ?」を問いかけることです。

表面的なニーズである「○○が欲しい」という顧客に対し、「なぜ、○○が欲しいのか？」と問いかけることで、「それは□□だから」という、本当のニーズを確認することができます。商品そのものではなく、その商品を欲しがる理由こそが消費者が解決したい問題であり、商品を購入し、使用することで得たい価値であるためです。

事例①　ある農産物直売所にて

お客さん

「あ、このイチゴ、酸味があってちょうどいいのよ」

⬇この段階では、本当のニーズはわかりません。「酸味があるイチゴ」は表面的な「欲しい」であり、解決したい課題や求める価値ではないためです。

生産者

「ありがとうございます。でも、なんで酸味がある方がいいんですか？」

⬇「なぜ」酸味がある方がいいのか　と聞くことで、本当のニーズを確認します。

「私、お菓子作りが趣味で、ケーキとか作るんですけど、生クリームと一緒にイチゴを使うので、酸味がある方が引き立っておいしくなるのよ」

⬇本当のニーズは「お菓子作りに使うイチゴが欲しい」、あるいは「生クリームと合わせて使ったときに美味しいイチゴが欲しい」だということがわかりました。
このニーズがわかれば、商品のパッケージに「お菓子作りや甘いクリームとの相性抜群」のような文言を入れるような対応ができるかもしれません。

この本当のニーズの把握方法は、消費者だけではなく、小売業などのバイヤーと商談するときにも活用できます。むしろ、バイヤーとの商談のときの方が、効果的だと言えます。バイヤーに対して「なぜ、その商品を探しているのか」、「なぜ、その商品に興味を持ったのか」、「どのようにして使いたいのか」を聞くことで、本当にバイヤーが求めていること（＝解決したい課題）がわかり、それに合わせた営業が可能になります。

事例②　あるスーパーのバイヤーとの商談にて

バイヤー「ちょうど、レタスの産地を探していたんですよ」

生産者「ありがとうございます。どうして、レタスの産地を探していたのですか？」

バイヤー「他店との差別化のために、産直で鮮度の高いレタスの販売を考えていまして」

➡ここから、バイヤーの本当のニーズは「レタスの産地」ではなく、「他店と差別化できるレタス」、「産直で鮮度の高いレタス」であることがわかります。このニーズがわかれば、生産者は自分のレタスのどういった部分をＰＲすればよいか判断できるようになります。

生産者「私どもなら、夜に収穫して、朝に納品することができますので、朝どれレタスとて販売することができます。また、一般的な品種だけではなく、○○と

いう珍しい品種のレタスも作っているので鮮度だけではなく、品種でも他店と差別化できると思います」

バイヤー

「それは、うちの計画にぴったりだよ」

このように、本当のニーズを確認することは難しくありません。

消費者やバイヤーといった顧客とのコミュニケーションにおいて、「なぜ？」と聞くことで、答えが見つかります。

顧客と対峙したとき、「この相手が本当に求めているもの、解決したい問題は何だろうか？」と顧客の目線で、常に問うように心がければ、商談や会話の中で、自然と「なぜ？」が出るようになります。

最初は意識してでも、顧客の立場で物事を考えるようにしてみるとよいでしょう。

品質のよさだけで農産物は売れない

ここまで顧客のニーズの話をしてきましたが、ここで販売する商品に注目してみましょう。商品を顧客に購入してもらうためには、顧客のニーズを把握するだけではなく、それに合わせた商品の訴求が必要だからです。

多くの生産者が品質のよい農産物を作っている現在では、ただ単に、品質がよい、というだけでは売れません。

顧客の本当のニーズである、解決したい課題や求める価値に合わせて商品の価値を伝えることが、消費者に選択して購入してもらうために大切です。

自分の農産物の2つの価値を考えよう

商品の価値は、大きく**機能的な価値**と**意味的な価値**の２つに分類できます。

機能的な価値とは、商品そのものが持つ機能や効能、性能に基づいた価値であり、客観的に評価できるものです。そのため機能的な価値は、多くの場合、数字で表現することができます。

たとえば「緑茶カテキン１００mg含有」は、商品そのもののスペックに機能的な価値があるわけです。「減農薬栽培」や「特別栽培」なども機能的な価値です。

もう一つの**意味的な価値**とは、消費者個人にとっての価値で、消費者がその商品を購入、使用する（食品だと食べる）ことで感じるメリットにつながっています。

たとえば、「カテキンが多いのでダイエットにいい」とか、「カテキンの抗酸化作用でキレイを保てる」などは意味的な価値です。

意味的な価値は、個人が解決したい問題、本当のニーズに対応した価値ですから、消費者が商品を購入する意思決定において非常に重要な役割を果たします。

機能的な価値と意味的な価値について、ビデオカメラを例に考えてみましょう。

たとえば、「孫の映像を記録に残したい」というニーズでビデオカメラを購入する60代の男性がいるとします。

このビデオカメラには、動いているものを追いかけて撮影しても綺麗に撮れる手ブレ補正機能や、20倍まで拡大できるズーム機能がついています。これらの機能は、機能的な価値です。

そして、この機能がついているからこそ、運動会で走る孫をきれいに、拡大して撮影できると言った場合、それが意味的な価値となります。

機能的な価値＝手振れ補正機能、20倍ズーム

⬇

意味的な価値＝孫の運動会が、手ブレなしで、拡大して撮影、記録できる

この、孫の映像を残したい、運動会の撮影にちょうどよいというのは、消費者個人にとっての価値です。

同じ機能でも、鳥の愛好家であれば、「野鳥の動きを高解像度で拡大して撮影できるので、美しい映像資料が作れる」という価値が意味的な価値となるかもしれません。

同様にトマトを事例に機能的な価値と意味的な価値を考えてみます。

小売業のバイヤーを顧客としたとき、地元産である、リコピンが多く含まれている、選別がしっかりしており大きさと形がそろっている、といった要素は、そのトマトのスペックであり、機能的な価値です。

これらの機能的価値を、バイヤーにとっての意味的な価値（バイヤーにとってのメリット）に翻訳していきます。つまり、顧客へのメリットに置き換えていきます。

そうすると、「地元産」は地産地消を売りに販売できる、「リコピンが多く含まれている」は、健康を意識している顧客に売れる、「大きさ・形がそろっている」は、店頭でパック詰めする際に軽量の必要がない、といったように変換できます。（図2-3）

ここで重要なポイントは、機能的な価値は商品に紐づく機能なので、顧客が誰であっても

図 2-3 「機能的な価値」を「意味的な価値」に翻訳する

買い手：小売業バイヤー

機能的な価値		意味的な価値
地元産	→	地産地消として販売できる
リコピンが多い	→	健康を意識している消費者に売れる
大きさ・形がそろっている	→	パック詰めの際に重さを量る必要が無い
酸味と甘みの適度なバランス	→	生で食べて美味しい
皮がやわらかい	→	料理にも使いやすい
減農薬栽培	→	安全性に気を使う消費者に売れる

図 2-4 顧客別に意味的価値を検討するためのテンプレート

機能的価値	顧客① （例：消費者）	顧客② （小売業バイヤー）
	意味的価値	意味的価値

同じなのに対し、意味的な価値は、顧客がその機能を何のためにどう使うか、という目的によって変わる、ということです。

これは、すべての顧客に対して同じ訴求方法では売れないということです。

売るためには、**顧客のニーズに合わせた意味的な価値を訴求する必要があります**。

そこで、顧客ごとに意味的な価値を考えるためのテンプレート（図2-4）を用意しました。

一番左側の欄に機能的な価値を記載し、右側に顧客ごとに、その機能的価値に対応する意味的な価値を記載するものです。

商品のカタログやWEBサイト、広告を作るとき、営業活動で先方に商品のPRをするときなど、相手の本当のニーズに対応する意味的な価値を訴求できるようになりましょう。

機能的な価値のみをカタログに並べるだけでは、なかなか伝わりません。

その機能が、使うユーザーにとってどれだけ役に立つか、意味的な価値を記載すれば、顧客の理解を得やすくなります。

普段の生活で食のトレンドはわかる

ニーズには、個人や企業によって異なる個別のニーズと、共通するニーズがあります。

たとえば、「我が家では、お祝いごとがあるとチクワ入りのカレーを食べる」という習慣がある家では、お祝いの日のカレーに入れるチクワのニーズが生まれますが、それは個別のニーズに分類されるものです。

一方で、共働きで料理をゆっくりする時間がないため、夕食にはスーパーの惣菜を活用したいというニーズは、共働き世帯に共通するニーズかもしれません。

こうした多くの人々が共通して持つニーズによって生まれるのが、流行やトレンドです。

顧客視点のマーケットインの農業を目指すには、ある程度、食のトレンドについて敏感であるべきです。

食のトレンドを理解することは、多くの顧客が共通して持つニーズの理解につながるためです。
ここでは、食のトレンドを知る方法について紹介します。

食のトレンドを知る方法①
雑誌を見る

最新の「食」のトレンドを最も簡単に把握する方法の一つが、「食」の雑誌を見ることです。

食のトレンドは雑誌が作ることが多く、テレビやインターネットで「今、○○が流行中」と言われるものは、もともと食の雑誌が火をつけた流行だったりします。そのため、食に関する雑誌を定期的にみると、食のトレン

図 2-5　代表的な食の雑誌と読者層

雑誌名	読者層
Mart(マート)	・都市部に住む主婦層 ・小さい子供がいる主婦層 ・共働き家庭
オレンジページ	・食への興味が強い主婦層 ・小さい子供が居る主婦 ・料理好きな主婦
クロワッサン	・食への興味が強い主婦層で、オレンジページよりも年齢層は高め ・料理好きな主婦 ・シニアも多い
レタスクラブ	・共働きの子供がいる主婦層 ・忙しい主婦の生活を楽にするがコンセプト ・時短料理などの特集が多い

ドが見えてきます。

ただし、雑誌はそれぞれで読者層が異なることに注意が必要です。代表的な食の雑誌とメインの読者層を表2-5にまとめましたので、参考にしてください。

雑誌を見る場合は、その雑誌の記事の写真や企画内容から、その雑誌がターゲットとしている人々をイメージできますので、「小さな子供がいる家では、こういった食生活をしているのか」といったように、読者層を考えながら、食のトレンドを理解しましょう。

食のトレンドを知る方法②
インターネット通販の売れ筋商品を見る

多くのインターネットのショッピングサイトでは、そのサイトの売れ筋商品のランキングが無償で公開されています。

とくにモール形式のサイトなどは、カテゴリー別や時期別に売れ筋ランキングが公開されています。

ショッピングサイトによっては、出店者や出店希望者向けに「どんな単語で商品検索されたのか」がわかるように検索語のランキングも公表しています。

ギフトの販売を検討している場合や、インターネットで商品を販売する場合は、必ずチェックするようにしましょう。

食のトレンドを知る方法③ レシピサイトを見る

インターネット上に自分の料理のレシピを公開したり、他の人のレシピを閲覧することができるレシピサイトは、年齢性別を問わず、料理する人になくてはならないツールとして普及しています。

これらのレシピサイトでは、素材名を入力すると、その素材を使ったレシピが検索できます。

たとえば「キャベツ」と入力すれば、キャベツを使

図 2-6 **代表的なインターネット通販サイト**

サイト名	ランキング等のURL
楽天	https://ranking.rakuten.co.jp/
Yahoo! ショッピング	https://shopping.yahoo.co.jp/ranking/
amazon	https://www.amazon.co.jp/gp/bestsellers/food-beverage/ref=zg_bs_nav_0

ったレシピがずらーっと出てきますので、自分の作っている品目が、どのように調理され、どのようなメニューで食べられているかを知ることができます。

人気レシピのランキング表示ができるレシピサイトもありますので、現在の食卓のトレンドを知るにはうってつけと言えるでしょう。

食のトレンドを知る方法④

スーパー等の店頭を見る

自分の作っている農産物が売られている売り場は定期的にチェックするようにしましょう。スーパーなど量販店の売り場は、最低でも月に1回程度は買い物がてら見に行くことを推奨します。

とくに次の点に注目しながら販売の現場である「売り場」を見ることで今の消費トレンドを知ることができます。

✔入口近くなど、目立つ位置に、どのような商品が陳列されているか

⬇一番売れる商品や売りたい商品ほど、視認性のが高い売り場に陳列されます

✔**どのような商品訴求がされているか**

⬇糖度や鮮度、産地など、商品のどのようなところを売り込んでいるか?

✔**どのような販売促進がされているか?**

⬇値引き、メニュー提案、複数商品のセット売りなど

✔**どのような品目が、どのくらいの売り場面積を占めているか?**

⬇陳列されている商品数が多く、売り場の占有面積が広い品目ほどよく売れる=流行している/流行の兆しがあると言えます

✔**どれくらいの価格で、どれくらいの品質のものが販売されているか?**

⬇市場価格のチェック

✔**季節感の演出などが、どのようにやられているか?**

⬇販促の参考になります

レシピサイト「cookpad」のページ例

出所：cookpad ホームページ

トレンドはニーズではない

食のトレンドを知ることは、顧客の本当のニーズを把握する上で重要なヒントになります。ただし、このトレンドをそのまま「ニーズ」と考えてはいけません。

マーケティングにおいて最も大切なことは、先に述べたように顧客が解決したい問題や、求めている価値である本当のニーズを捉え、それに対応することです。

食のトレンドを把握し、それを参考にすることは大切ですが、本当のニーズを把握することなく、模倣してはいけません。

例をあげれば、「雑誌を見て、パクチー特集が多いことがわかった」というとき、「今、パクチーが求められているから、パクチーを作ろう」と考えるのは早計です。

パクチーを買う消費者は、はたしてパクチーそのものが欲しいのでしょうか?

重要なことは、本当のニーズを知ることです。パクチーを買う顧客は、何のためにパクチーを買うのでしょうか?

その理由にこそ、本当のニーズが隠れています。もしかすると、タイ料理やベトナム料理などのエスニック料理を自宅でも食べる消費者が増えてきたから、パクチーが売れているのかもしれません。

そうだとすれば、顧客の本当のニーズは「本格的なエスニック料理を家でも食べたい」ということになります。

この場合、パクチー以外のエスニック料理に使う野菜やハーブにも、チャンスがある可能性があります。

安易に成功例に引きずられない

このように、食のトレンドを知ったうえで、それを自分のマーケティングに生かしていくときには、「○○が売れている➡だから○○を作ろう」と考えるのではなく、「○○が売れている➡その理由を調べよう」と考え、そこでわかった理由に合わせて生産や販売を考えていくことが必要です。

ビジネスの世界では、過去の成功体験に引きずられて失敗する事例がよく聞かれますが、その理由もこれと同じだったりします。過去に何かあったとき、「こうして」成功したから、今回も「こうしよう」、と判断したために失敗してしまうのです。

過去の成功は、「なぜ成功したのか」を分析して、初めて参考にすることができるのです。

たとえば、「新しく作ったカブの漬物を告知したい」と考えたときを想定します。

このとき、過去に「6次産業化で作ったピクルスの宣伝をインスタグラムで行ったところ、話題を集め、売上も上がった」という成功体験があった場合、「今回もインスタグラムで宣伝すればうまくいく」と思いがちです。

しかし、過去にインスタグラムでピクルスの宣伝をして、うまくいった理由は、「ピクルスを買う消費者は若い人が多く、インスタグラムのユーザーが多かった」だったとすると、成功した要因は、「ターゲットに合ったSNS（媒体）を使うことができた」かもしれません。

このとき、もし、今回の「カブの漬物」のターゲットが高齢者だった場合、インスタグラムを使っても決してうまくはいかないでしょう。

食のトレンドを知って、上手にそれを活用していきましょう。

第3章

マーケティングのはじめかた

マーケティング実践のステップ

では、さっそくマーケティングしてみましょう、と言われて、さて何から始めればいいでしょうか。

どんなパッケージにするか、どんな広告を出そうか…具体的なアクションはいろいろありそうですが、まず最初にやることがあります。

それはマーケティング戦略を考えることです。

戦略と戦術という言葉があります。似たような言葉ですが、意味は大きく違います。**「戦略」は、大きな進むべき方向性であり、その方向に向かうための方法を指します。そして「戦術」は、その戦略を達成するための手段を指します。**

たとえば、戦国時代の武将が、「天下を統一するためには、隣の○○氏の持つ領地を奪い、

図3-1 マーケティングのプロセス

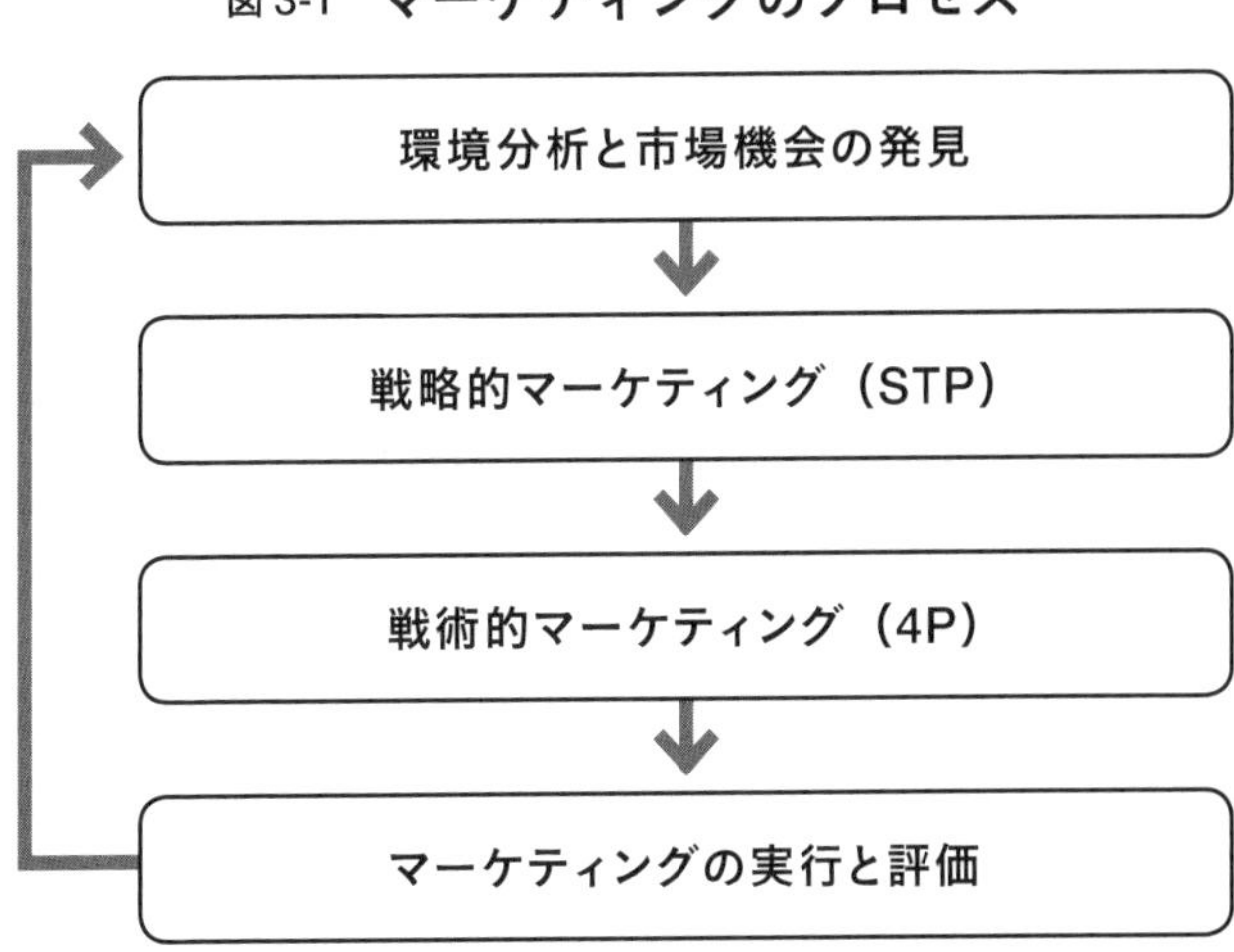

大きな街道の利権を手中にする必要がある。だから、○○氏を攻めよう。ただし、領地が疲弊すると困るから、短期決戦にしなければならない」と考えた場合、これは戦略です。

そして、この戦略を達成するために、「○○氏の領地を短期決戦で奪うためには、この砦をまず占拠して、包囲網を作って…」と考えるような戦略達成のための具体的手段が戦術です。

マーケティングも基本的には、同じです。最初に戦略を立案し、それを達成するための手段としてマーケティング戦術を考えます。

マーケティングは「環境分析と市場機

会の発見」→「戦略的マーケティング」→「戦術的マーケティング」→「マーケティングの実行と評価」の順に実施します。

環境分析と市場機会の発見

マーケティング戦略の立案は、まずは環境分析と市場機会の発見からスタートします。

これは、まず市場環境（顧客の状況）や、競争環境（競合の状況）、自社の状況を把握し、そのうえでどこにチャンスがあるのかを見つけ出すことが重要であるということです。

まさに、敵を知り、己を知れば百戦危うからず、ということですね。

とくに分析を行いたい内容について、以降にまとめます。

自分たちの状況

自社や自分の状況について整理してみましょう。

自分の農業のやり方や、生産した農産物の強みや特徴は何か、自分の農業経営において使える資源は何か、ヒト・モノ・カネの現状はどうなっているか、といったことについて整理してみましょう。

自分が何を持っていて、何が足りないのかを客観的に分析し、現状を理解するのが最初にすべきことです。

とくに両親などから経営を引き継いだ場合などは、経営の現状を自分で的確に把握しておくことが大切です。

消費者・社会の状況

次に、自分の商品を買ってくれる消費者や小売業の動向、社会の状況に目を転じてみましょう。

今、消費者が何を求めているのか？　食や農のトレンドはどのようになっているか？　社会の価値観に変化はあるか？　といった情報を集めて、分析します。第2章で紹介した食のトレンドの把握方法などは、この情報収集に活用できるものです。

競合の状況

自分の農業や農産物のライバルである競合の状況把握も重要です。

直接的に競っていなくても、自分と同じ品目を作っている産地や生産者の動向を知っておくことは、マーケティング戦略を立てる上で、とても役に立つ情報になります。

とくに農産物は、季節によって産地が移動していったり、他産地を含めた全体の供給と需要とのバランスで相場が左右されますから、他の生産者や全国の産地の状況を知ることは大切です。

また、6次産業化で加工品を作る場合は、同じジャンルの大手メーカーなどの商品についての情報収集と分析が必須となり

図 3-2 **経営資源の確認**

項目	把握すべき内容
ヒト	✔従業員の状況 ✔年間の仕事の状況（労働力の配分）、余力がどれくらいあるのか、足りないのか
モノ	✔自分の生産物の特徴、強み、弱み ✔自分が持っている資材や機械など
カネ	✔自社の財務状況、収益の状況、資金繰りの状況 ✔今後の投資の見込み（お金がかかる要素を考える） ✔銀行等との付き合いの状況

ます。

たとえば、イチゴの生産者がイチゴのジャムを作ろうと考えた場合、大手メーカーや他の生産者が作るイチゴジャムの情報がなければ、その商品のマーケティングを考えることは困難です。

少なくとも、競合商品のスペック（内容量、原材料、賞味期限）や特徴（パッケージ、訴求ポイント、味）、価格、販売方法についての情報取得と分析を行いましょう。

マーケティング戦略（ＳＴＰ）

次はいよいよマーケティング戦略の立案です。

マーケティング戦略は、誰をターゲットにするか、商品のどのような特徴を使って差別化をしていくのかを明確にするものですが、それを整理してＳＴＰと呼びます。

ＳＴＰとはセグメンテーション（Segmentation）、ターゲティング（Targeting）、ポジショニング（Positioning）の頭文字で、68ページからで詳しく解説しますので、ここでは簡単に説明しておきましょう。

図3-3　マーケティング戦略としてのSTP

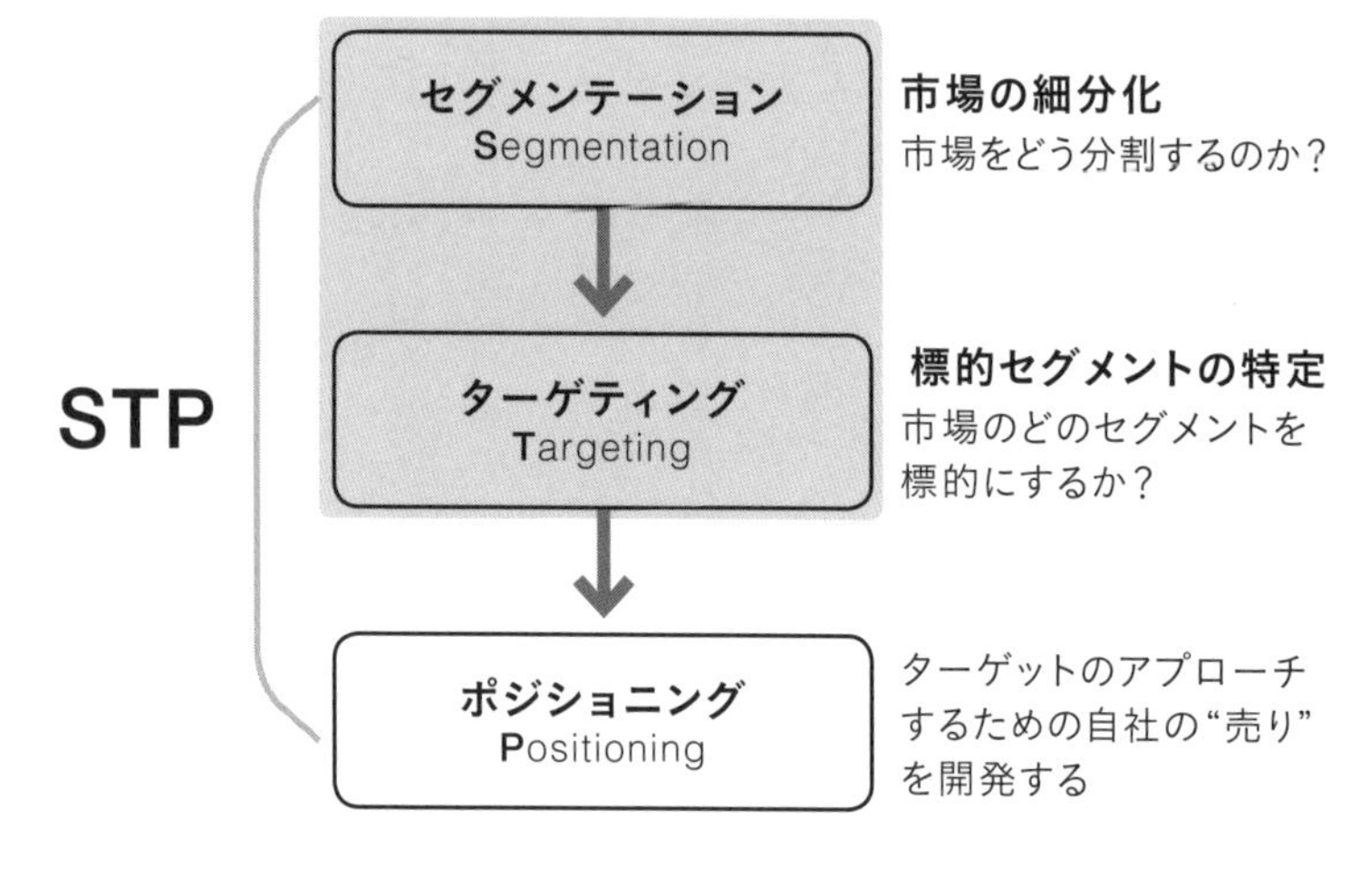

セグメンテーションは、商品を購入する可能性のある人々（市場）をどのように分けるのか、ということです。20代男性、30代女性など、年代や性別で消費者を分類することなどが、これにあたります。

ターゲティングは、セグメンテーションで分類した消費者のうち、どのグループを狙っていくか、ターゲットを決めることです。

そして、ポジショニングはそのターゲットに対し、アプローチしていくための自分たちの「売り」を開発すること（差別化のポイントをつくること）です。

マーケティング戦術（4P）

マーケティングの戦略（STP）を決め

図3-4 マーケティング戦術の4P

Product **商品** 標的市場に対し投入する商品・ブランドの開発、およびラインナップ決定 **＝どんな商品を売るか？**	Place **流通** 標的市場の顧客に製品を届けるための効率的な経路を設計すること **＝どこで売るか？**
Price **価格** 投入する商品の価格設定（場合のより値引きの決定を含む）の決定 **＝いくらで売るか？**	Promotion **広告・プロモーション** 広告・プロモーションを通じた商品・ブランド価値の伝達手法を決定 **＝どうやって価値を伝えるか？**

たら、続いてマーケティングの戦術を検討します。

マーケティング戦術とは、**マーケティング目標を達成するための手段であるProduct（商品）、Price（価格）、Place（流通）、Promotion（広告・プロモーション）を決定**することです。

これらは、それぞれの頭文字がPであることから「**マーケティングの4P**」と呼ばれます。また、この4Pの組み合わせのことをマーケティング・ミックスと呼びます。

4Pは、どんな商品（Product）を、いくらで（Price）、どこで（Place）、どう価値を伝えて（Promotion）販売するか、その具体的な方法です。

マーケティングの実行と評価

マーケティング戦術まで決まったら、あとは実践あるのみです。

立案したマーケティング戦略と戦術に沿ってマーケティングを行い、その評価を行います。

そしてもし、評価がよくない場合、たとえば「想定していたよりも売れ行きが悪い」、「ターゲットとした顧客層に支持されていない」、「差別化が不完全で、競合と価格勝負になってしまっている」といったときには、何が悪かったかを考え、それを見直して再度、実行します。

マーケティングがうまくいっている場合でも、成功した要因を洗い出し、それを続ける方法を考えることが重要です。

マーケティングを見直す場合は、検討の順番とは逆に、マーケティング戦術から見直していきます。マーケティング戦略（ＳＴＰ）からの見直しになると、戦術すべてを見直す必要が出てきてしまうためです。

顧客の本当のニーズの把握やマーケティング戦略がしっかりとできている場合、マーケティン

図3-5　**マーケティングの実施の順番・見直しの順番**

市場環境、顧客の分析
市場の分析、顧客の特徴の把握、競合の把握…

マーケティング戦略の決定（STP）
市場の細分化、ターゲット顧客の選定、ポジショニング検討

マーケティング戦術の決定（4P）
マーケティング戦略に基づいて、
目標を達成するための具体的施策の検討

実施の順番

見直しの順番

グがうまくいかない要因は戦術にあります。

たとえば、マーケティング戦略では、60代以上のシニアをターゲットにしているにも関わらず、販売場所（Place）にした店舗の顧客が若年層中心であれば、思うように売れません。

この場合はマーケティング戦術であるPlace（流通）を見直し、シニア層に支持される店舗に変えることで改善できる可能性があります。

図3-5のように、マーケティングをスタートする場合は戦略から戦術へ、そして見直す場合は戦術から戦略へ、という順番になります。

お客さんを分類してみよう

マーケティング戦略は、セグメンテーション（Segmentation）、ターゲティング（Targeting）、ポジショニング（Positioning）という3つの要素（ＳＴＰ）から成ることを説明しました。ここでは、その中でも、標的とする消費者を決めるためのセグメンテーションについて詳しく見ていきましょう。

セグメンテーションは、日本語では「市場細分化」と呼ばれます。

個人単位ではそれぞれ異なる性質を持つ消費者を、何らかの切り口で同じようなグループ（セグメント、市場セグメント）を作る考え方です。

似たような考え方や価値観、ニーズでグループ化するわけです。

本当は１人１人のニーズに向き合えればいいのですが、それにはコストがかかりすぎます。

ちなみに１人１人に対して、個別に対応するマーケティングはワン・トゥ・ワン・マーケテイングと言います。体形に合わせて仕上げるスーツのオーダーメードもこの一例ですが、このワン・トゥ・ワンは、個人のニーズにきめ細かく対応できる一方、大きなコストがかかります。

農業において、トマトを個人の消費者のニーズに完全に合わせて生産する、ということは現実的ではありません。そのため、同じようなニーズを持つ消費者をグループ化して、最大公約数を狙うのです。

このグループのことをセグメント、グループ化することをセグメンテーションと言います。

図 3-6　セグメンテーション

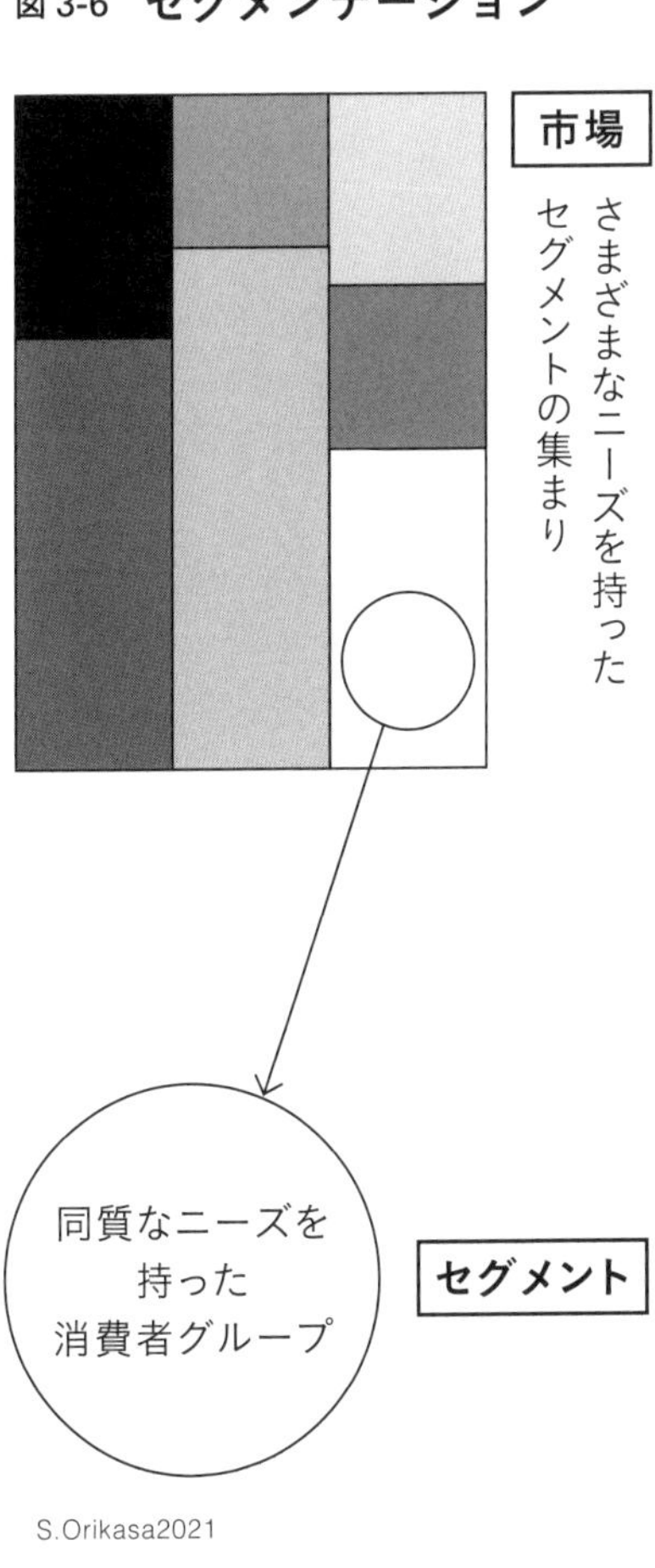

セグメンテーションを行うにあたり最も重要なことは、その切り口を決めることです。どういった切り口で消費者を分類すれば、自分の商品を購入してもらうために、効果的なアプローチができるかを考えます。

このセグメンテーションの切り口をセグメンテーション変数と言います。セグメンテーションを行うことは、この変数を決めること、と言っても過言ではありません。

以下、代表的な4つのセグメンテーション変数を説明します。これらの切り口で消費者のグループ（セグメント）を考えてみましょう。

①地理的変数

住んでいるエリア、都市の規模、人口密度、昼と夜の人口比率、気候や文化など、地域的な要素で消費者を分類します。地産地消を目指して「地元の主婦」といったセグメントを作る場合などは、この地理的変数と言えます。

②人口動態変数

年齢や性別、家族構成、ライフステージ、職業などで消費者を分類します。もっともよく活用されるわかりやすい切り口です。

20代女性、30代男性といった年齢×性別といった分類や、子供が独立した後のシニア夫婦（60歳以上の夫婦世帯）といった分類は、この人口動態変数による切り口で作られるものです。切り口が思いつかないときは、まずは人口動態変数で分類してみるといいでしょう。

③心理的変数

個人の考え方、価値観やライフスタイル、パーソナリティによって分類する切り口です。ベジタリアン、ロハス志向、環境問題に関心のある人などでセグメントを作る場合は、この心理的変数での分類と言えるでしょう。

④行動・態度変数

過去の商品の購買経験や、購買頻度など、消費者の過去の行動や態度（意識）によって分類する切り口です。

たとえば、輸出のマーケティングで「過去に日本に観光で来たことがある」人々でセグメントを作る場合は、日本観光という行動の有無で分類しますので、この切り口になります。

どの切り口をとるかは、商品の特性や事業の目的・目標によって変わりますが、消費者の購買に対して、最も効果的であると考えられる切り口を設定することが重要です。

ターゲットとするお客さんを決めよう

ターゲティングとは、自分たちがマーケティングの対象とするセグメントを選択すること、お客さんにしたい人々のグループ（セグメント）を選ぶことです。

ターゲティングは通常、セグメンテーションと合わせて行われます。

たとえば、甘いフルーツトマトのマーケティングを考えてみます。

商品の特徴として、糖度が高いこと（機能的価値）から、トマト嫌いな子供でも喜んで食べること（意味的な価値）を売りにする場合、セグメンテーションとしては「小学生以下の子供がいる」という人口動態変数での分類を行います。

さらに、この場合はその「小学生以下の子供がいる世帯」だけをターゲットにすることになります。セグメンテーションが、そのままターゲティングにつながるわけです。

こうした、特定のセグメントのみをターゲットとしてマーケティングを行うことを集中型マーケティングと言います。

ニッチな市場を狙う場合は、基本的にこの集中型マーケティングです。

特定のセグメントに特化せず、分類したセグメントごとにマーケティングを行うことを差別型マーケティングと言います。

たとえば、フルーツトマトの糖度が高いという特徴を活かし、

- 「小さな子供がいる世帯セグメント」には「おやつトマト」
- 「成人した子供がいる世帯セグメント」には、「デザートトマト」

として展開するような場合がこれにあたります。

ニーズが異なるセグメントごとに、それぞれマーケティング（商品づくり、販売先づくり、価格決定、宣伝広告）を行います。

集中型マーケティングと比べて、セグメント別での対応を行うことから、対象とする消費者の幅を広げることができるメリットがある一方、コストが多く発生するデメリットがあります。

また、**まったくセグメンテーションを行わず、すべての消費者をターゲットとして、マーケティングを行うことを非差別型マーケティングや、マス・マーケティングと呼びます。**

ただ、農業と食のマーケティングにおいては、食の好みや価値観が個人によって大きく異なり、一つのマーケティングで全体のニーズを満たすのは困難ですから、あまり非差別型マーケティングは行われません。

図 3-7　ターゲティングの種類

●非差別型マーケティング

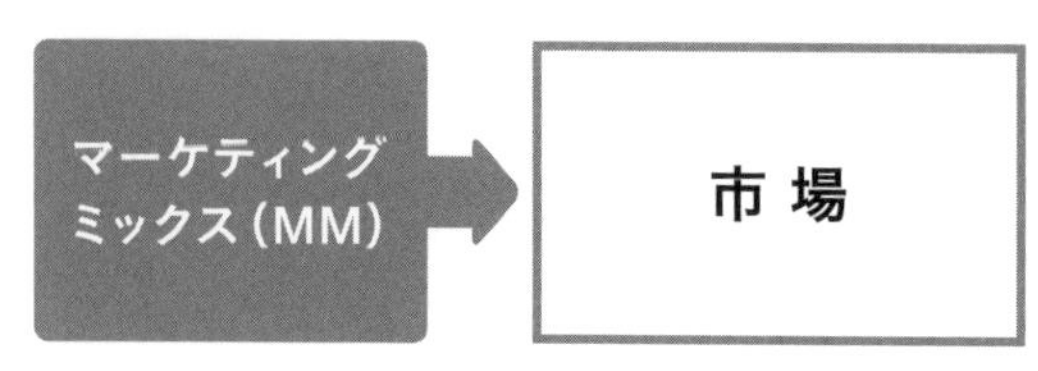

●差別型マーケティング

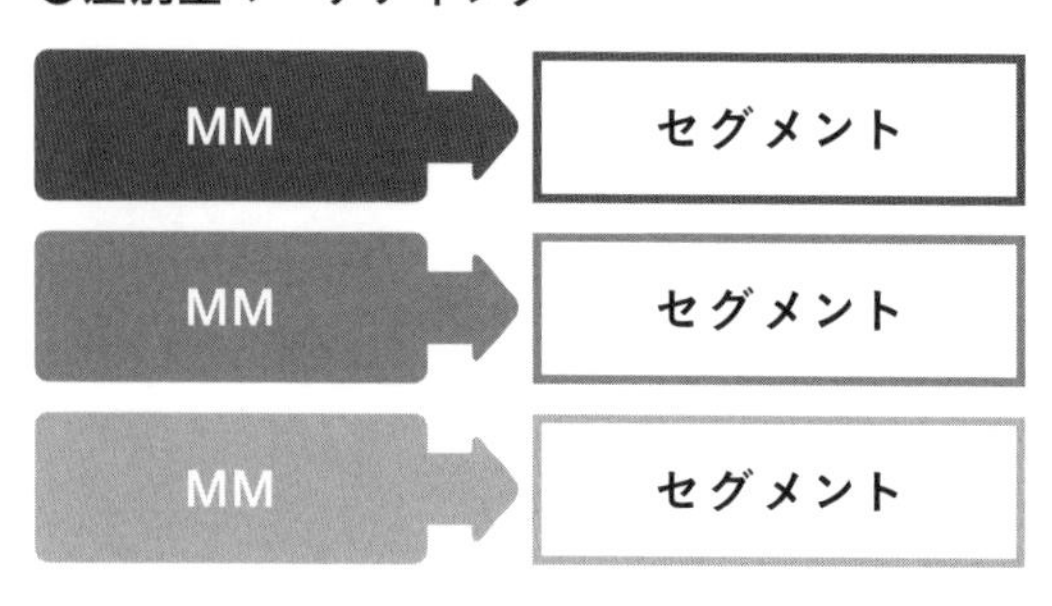

●集中型マーケティング

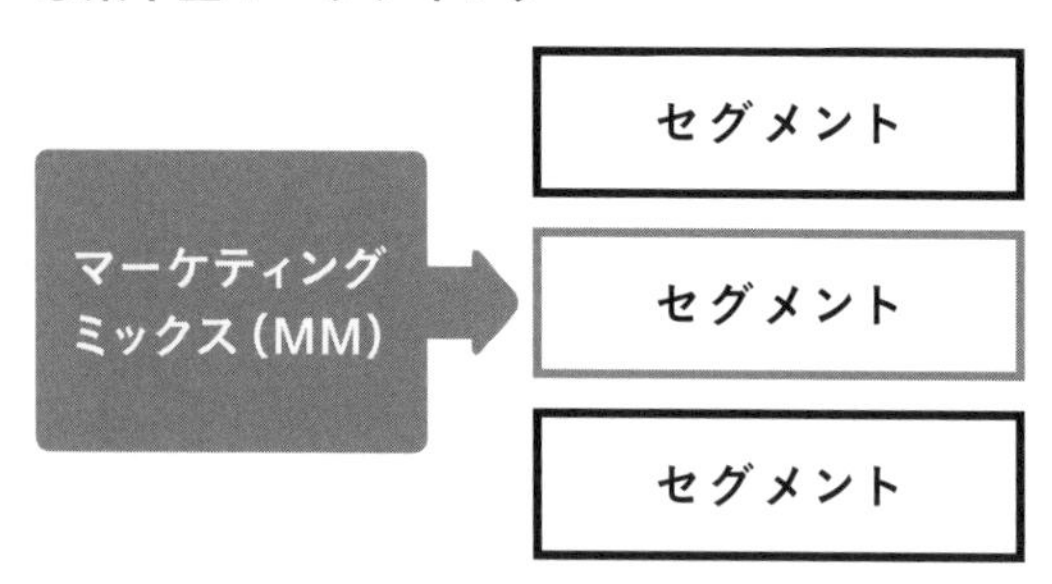

商品のオリジナリティで差別化しよう

誰をターゲットにするかを決めたら、次に自分たちの「売り」を考えるポジショニングを行います。

ポジショニングとはターゲットの消費者に自分たちの商品の特徴や独自の価値を認識してもらうことであり、マーケティング全体のコンセプトを開発する活動です。オリジナリティの訴求ポイントを明確にし、差別化をすることで、独自のポジションを得る活動とも言えます。

ポジショニングがうまくいくと、商品は市場の中で独自性を確立し、その地位が長期的に維持されます。

このオリジナリティを作り、差別化をすることが、マーケティング戦略の肝です。

たとえば、あなたがトマトを作っているとします。

このトマトを差別化せずに、どこにでもあるような普通のトマトとして販売していると、横にもっと価格の安いトマトが並んでいれば、消費者は安い方を購入するでしょう。

差別化されていない商品は、他の同じような商品と区別できません。

そして、同じ商品であれば、安い方が売れます。

オリジナリティや差別化というのは、「違う商品」として見てもらえるようにするために行うものです。「違う」からこそ、価格が高くても買ってもらえるのです。

差別化やオリジナリティといったポジショニングを考える上では、第2章で説明した機能的な価値と意味的な価値が大きなヒントになります。

商品の持つ機能で差別化できる場合もあれば、意味的な価値を追求することで、商品のオリジナリティの確立や差別化を行うことも可能です。

差別化のポイントについて、いくつか説明をしてみましょう。

機能で差別化する（機能的価値）

商品そのものが持つ基本機能で差別化する方法です。

たとえば、糖度や栄養成分値などで差を出す、農薬不使用での栽培、特殊な製法で食味に差をつける、一般的には出回ってない珍しい品種である、といった商品のスペックで差別化します。

お届けまでのプロセス全体で差別化する（機能的価値）

商品だけではなく、たとえば産地直送による鮮度のアピールなど、栽培から流通までのプロセス全体で差別化をはかります。

取引先が企業の場合は、先方の要望に合わせた農産物を作ることができる、選別ができる、パッケージまで対応できるといった部分で、他の生産者と差別化します。

用途や利用シーンで差別化する（意味的価値）

農産物や加工品の特徴に合わせて意味的な価値を考え、用途や利用シーンを提示して差別化やオリジナリティを構築する方法です。

たとえば、「洋食専用のお米」、「バレンタインデーのプチギフトとしてのイチゴのパッケージ」など、食べる人や食べるシーンが想像できるような商品にして、オリジナリティがある商品にするわけです。

とくに6次産業化の加工品に有効な方法といえるでしょう。

消費トレンドに合わせて差別化する（意味的価値）

消費トレンドに合わせて商品化し、それを訴求する方法です。

たとえば、健康訴求や、世帯人数の減少に合わせた小容量パッケージ、流行している人気メニューに合わせた商品づくりなどです。

ただしこのアプローチは、消費トレンドを意識する他の事業者の商品と同じようになってしまう可能性や、容易に真似されてしまうリスクがあります。

取引先がスーパーや飲食店の場合は、商品仕入れを担当者するバイヤーのニーズに合わせた訴求も有効です。

たとえば、商品の棚持ちがよく廃棄ロスを削減できる、質と量について安定的に供給できるなど、バイヤーの求めるニーズ（コストが下がる、売上が上がる、利益率が高まる）に合致する部分での差別化を考えます。

ストーリーで差別化する（機能的価値＋α）

商品のストーリーとして一番最初にイメージされるのは、商品や品種の由来などの文化的、歴史的、地理的な商品の背景だと思います。

江戸時代から続く～とか、昔、将軍様が食べた～とか、この地域では伝統的に～、といったものです。

もちろん、こうした背景があれば、そのストーリーを使ってオリジナリティを確保したり、差別化することが可能です。

ただ、そういった客観的な要素がなくても、あなた自身をストーリー化すればいいのです。

「雨が続いて生産が難しい状況だったけれど、○○の工夫をすることで生産できた」「完熟

廃棄していた芯もストーリーを加えて商品化できる

するまでは収穫しない」など自身の工夫や、苦労、こだわりを伝えれば、立派なストーリーを商品に付加することができます。

自分自身のストーリーは、自分だけのオリジナリティを出す意味でも有効です。

上の写真は、栽培の過程で切り取って捨ててしまっていたスティックセニョールの芯に、市場に出回らない貴重なものである、というストーリーを付加し、「農家のごちそう!!」「今だけの限定野菜!!」として販売している事例です。しっかりとストーリーを作ったことで「貴重なもの、珍しいもの」という差別化ができています。

新しいカテゴリーを作ってしまう

簡単にできることではありませんが、成功すると非常に強力なのが、そもそも独自の立ち位置として新しいカテゴリーを自分で作ってしまうというアプローチです。

たとえば、レッドブルがこれにあたります。

茶色い瓶に入った小容量の薬をイメージさせる栄養ドリンクでもなく、単なる炭酸飲料でもない新しいカテゴリーとして、元気になるためのスタイリッシュな飲料としてエナジードリンクという独自の立ち位置を作ることで、他の飲料との差別化に成功しました。

米糀の甘酒なども、飲む点滴という天然由来の健康飲料として独自の立ち位置を確保し、人気が出ました。

今までなかった新しい特徴を持つ商品や農産物のポジショニングを考える場合には、こうした新しいカテゴリーを作ってしまう、という差別化も視野に入れて考えてみましょう。

ここまで、マーケティング戦略の立案方法を説明しました。

マーケティング戦略（ＳＴＰ）は難しく見えますが、実際にやるべきことは、消費者を似たようなニーズを持つグループに分けて、どのグループをターゲットにするかを決めて、そのグループに対し、どういった差別化や商品のオリジナリティ訴求をするか、その方向性を決めるということです。

やるべきことは、意外とシンプルです。

具体的に取り組む内容を決めよう

マーケティング戦略を立案したら、具体的にマーケティングで取り組む内容を考えます。65ページでも触れたように、基本としては、Product（商品）、Price（価格）、Place（流通）、Promotion（広告・プロモーション）の4つの施策「4P」に沿って検討します。

① Product（商品）

商品のラインナップや、品質、パッケージのデザイン、特徴、商品名、サイズ、付帯するサービスや保証・返品といった内容を決めることです。

農産物の場合は、化粧箱のデザインやパッケージの容量、商品名、付加価値のアピール内容などを検討します。

ここでの重要なポイントは、マーケティング戦略で設定したターゲットと差別化の要素（ポジショニング）に合わせて発想することです。

「小さな子供のいる家庭向けのお祝いの品」という戦略を立てたにも関わらず、古めかしい重厚なデザインの大容量パッケージであったとしたら、消費者は手に取ってくれないかもしれません。

マーケティング戦略と商品の整合性は非常に重要です。

農業は適地適作が基本ですから、生産する農産物の品目を変えるのではなく、品種選定やパッケージング、商品名などでマーケティング戦略と商品の整合性を考えていくことが大切です。

② Price（価格）

価格は利益に最も大きなインパクトを与えます。

商品の販売価格や、値引き実施の有無、事業者との取り引きであれば取引条件などを検討することが価格施策です。

価格設定は非常に奥が深いものです。

価格が安い方が売れる、と単純に考えがちですが、価格は品質のバロメーターにもなります。

「安かろう悪かろう」という言葉がありますが、品質がよくても価格が安すぎると、「なんだ安物か」とか「何かよくない理由があるに違いない」と判断される可能性があります。

逆に強気で高い価格をつけて、「高級品」とか「類似品より品質が高いに違いない」と印象づけられるケースもあります。

価格設定には、**商品の原価から価格を決める方法**（原価志向）と、**消費者の感じる価値から価格を決める方法**（需要志向）、**競争の中で価格を決める方法**（競争志向）の3つのアプローチがあります。

例をあげて説明してみましょう。

（例）スイカの価格を考える
原価志向：スイカ1個の原価が1000円なので、利益を20％取りたいから、1200円
需要志向：消費者調査で、夏ならスイカ1個に1500円出す人が多いから、1500円

競争志向：直売所で、周囲の生産者が1個1300円で売っているから、同じく1300円

原価志向は、原価に対して、どれくらいの利益を確保したいかを考えて、価格を決めます。それに対し、需要志向では、消費者の感じる価値や消費者が払ってもいいと思う金額から価格を決めます。

競争志向は、自分でも消費者でもなく、競争相手の価格から、自分の価格を決めることです。

どれが正解、ということはありません。マーケティング戦略や自分の狙いに沿った手法で利益を最大化するように価格を決めることが重要です。

③ Place（流通）

農産物をどこで販売するか、流通経路を決定するのも重要な戦略です。

消費者から見れば、農産物を買える場所であり、購入の利便性を左右する要素です。

直売所、スーパー、百貨店、インターネット販売など、マーケティング戦略に沿った売り場

を開拓する必要がありますが、できれば、複数の販売場所を確保する方が、販売量の増加とリスクの分散に効果的です。

例をあげれば、近隣の直売所に10％、地元のスーパーでの販売で20％、遠方の大手スーパーとの契約で30％、ＥＣサイトでの販売で10％、卸売市場に30％といったバランスで出荷すれば、卸売市場の取引価格が大きく下落したとしても、経営全体への影響を最小限に抑えることができますし、生産量を増やしたときも、それぞれの販売チャネル（販売先・売り場のことを販売チャネルと呼びます）の出荷量を少しずつ増加する形で売り切ることができます。

さらに、可能であれば、販売チャネルごとに自分で役割を割り当てることができると安定的な経営ができるようになります。

たとえば、付加価値の高い農産物を出していく取引先（利益を稼ぐ先）、地元の顧客を維持するための取引先（地元チャネル）、大量に余ったときに利益が薄くても売り切るための取引先といった役割ごとに、販路を持てれば理想的です。

販売先は、取引量、価格、契約条件といった視点に加え、梱包や出荷の手間や物流の組み立てやすさ、店頭でのプロモーション対応などを考慮しながら検討しましょう。

④ Promotion（プロモーション）

農産物を知ってもらうために行う広告や販売促進を考えます。

具体的な手法としては、新聞や雑誌等への広告や、ＳＮＳを活用した告知、イベントでの出店販売、プレスリリースなどいろいろありますが、日常的に消費者とコミュニケーションすることも、立派なプロモーション活動です。

ターゲット顧客や商品の差別化の内容や方向性によって、発信内容や発信方法が変わりますので、ターゲットに合わせたプロモーションが求められます。


以上、具体的なマーケティングの戦略について４Ｐの視点から整理しました。

マーケティングの４Ｐは、それぞれが密接に繋がっています。

商品の容量は価格に繋がりますし、販売価格やパッケージは売り場につながります。

プロモーションも商品や売り場に合わせて考えなければなりません。

このように連動する商品、価格、流通、プロモーションの組み合わせを具体的に考えていくことから、マーケティングの４Ｐの組合せをマーケティング・ミックスと呼びます。

第4章

ブランドのつくり方

ブランドは、売れ続けるための仕組みづくり

あなたは、ブランドと聞いて何を思い浮かべるでしょうか?

ヴィトンやグッチのバッグ、魚沼産コシヒカリ…多くの人が知っている高価な商品の数々でしょうか?

もちろん、それらは立派なブランドですが、カップラーメンやお菓子など身近な商品も「個別の名前」があればブランドです。

ブランドは英語でBrandと書きますが、その語源は、焼き印や烙印を表すBurnedです。築地の卵焼き屋などでは、今でも焼き印を入れた卵焼きを売っていますが、見た目では誰が作ったのか、どこの店の商品なのかわからないものは、焼き印を入れることで作った人を識別できるようになります。

このように商品を個別に識別するために入れた焼き印が語源となって「ブランド」という

言葉が生まれました。

ブランドは、商標、銘柄などと訳されますが、固有名詞（独自の名前）を持つことで、他の商品とは違うものと顧客に認識してもらうためのものです。

では、なぜ個別に商品を認識してもらう必要があるのでしょうか？　たとえば、あなたが作ったブロッコリーを売る場合を考えます。

店頭でただ「ブロッコリー」という品目で、価格シールを貼っただけで販売されているとします。これでは、購入したお客さんが食べてみておいしかったからまた買いたいと思っても、別の日に売り場に行ってあなたが作ったブロッコリーを探すのは難しいでしょう。

ここで、もし「○○ブロッコリー」など独自の名前（ブランド名）がわかるように販売していたらどうでしょうか？

お客さんは「次も○○ブロッコリーを買おう」と記憶して、売り場で選ぶことができます。売り場に見当たらなくても「今日は○○ブロッコリーはないの？」と店員に聞くこともできるでしょう。

つまり、名前をつけることで初めて、指名をしてもらって買ってもらえること、反復して買ってもらえること（いわゆるリピート購買）が可能となるのです。

自分の農産物にオリジナルの名前をつけて、お客さんに覚えてもらうことで、指名してもらい、繰り返し購入してもらうこと、それがブランド化です。

マーケティングが売れる仕組みづくりであり、お客様づくりであるとすれば、**ブランドをつくること（=ブランディング）は、売れ続けるための仕組みづくりであり、ファンづくり**であると言えるのです。

ブランドをつくるために、必要なもの

では、ブランドをつくる場合に必要なものは何でしょうか?
ロゴやキャラクターなどがすぐに思い浮かぶかもしれませんが、その前に、まずはブランドの基本的な機能を確認しましょう。

ブランドの基本機能

①商品の識別手段
ブランドをあらわす名前やロゴマークがあれば、消費者に、他の商品とは違うものであると認識してもらえる。

②出所表示、品質保証

独自の名前で識別してもらうことは、「あなたの商品である」ことを証明することになります。

農産物に生産者名（＝出所）を表示することは、生産者が品質を保証していることにもなり、消費者は安心して購入することができます。

③意味とイメージの付与

ブランド名やロゴなどで、商品に意味やイメージを加えることができます。

たとえば、「南アルプスの○○」といったブランド名にした場合、雄大な雪山のイメージを商品に付与することが期待できます。

こうしたブランドの機能をしっかりと出していくためには、ブランドをしっかりと消費者に見せていく必要があります。

消費者にブランドを認識してもらうための要素、ブランドの価値を見えるようにした要

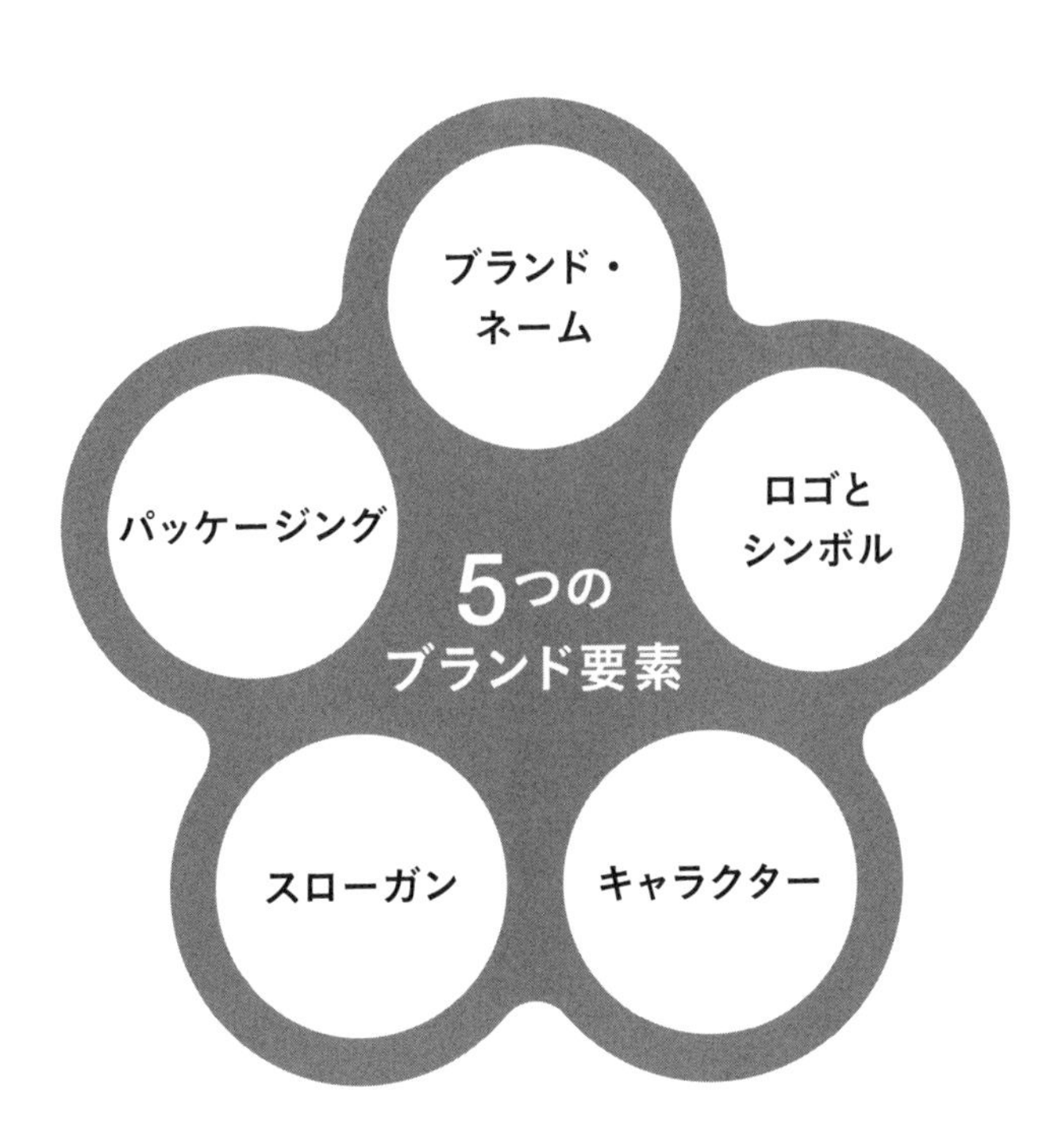

素を、**ブランド要素**と呼びます。

ブランド要素のうちで絶対に必要なものは、ブランドの名前である「ブランド・ネーム」です。名前がなければ、ブランドにはなりえません。

そのほかの要素は、必須というわけではなく、必要に応じて作っていくことになります。

ブランド要素について、それぞれ簡単に説明しましょう。

ロゴとシンボル

ロゴやシンボルは、一番多く使われる要素です。オリジナルのロゴやシンボルマークは、ブランドのイメージを視覚的に伝え、消費者の意識に定着させやすいメッセージです。近年は、モダンでシンプルなロゴが人気ですが、何より重要なのは他と似通っておらず、消費者に一目で認識してもらえることです。

キャラクター

キャラクターは、独自のキャラクターでブランドを認識してもらうためのものです。イメージキャラクターはイラストを使うことが多いですが、最近では動画サイトなどを活用し、名物社長のような実在の人物が前面に出る方法もよく使われます。

スローガン

スローガンは、ブランドの機能の一つである意味とイメージの付与に効果的なもので、ブランド・ネームと組み合わせて考える必要があります。

たとえば、「○○ブロッコリー」のスローガンが「いつも健康のそばに」であったら、健康にいい商品づくりをしているイメージを持ってもらうことができるかもしれません。

パッケージング

パッケージングは、パッケージのデザインや形状でブランドを伝えるものです。コカ・コーラの特徴的なボトルのように、オリジナルのパッケージの形状やシルエットでブランドを認識してもらうものです。

なお、ブランド要素を考える上では、大きく5つのポイントがあります。ブランド・ネームはもちろん、ロゴやキャラクター、パッケージングなどのブランド要素を検討する場合は、この5つのポイントを外さないよう気をつけましょう。

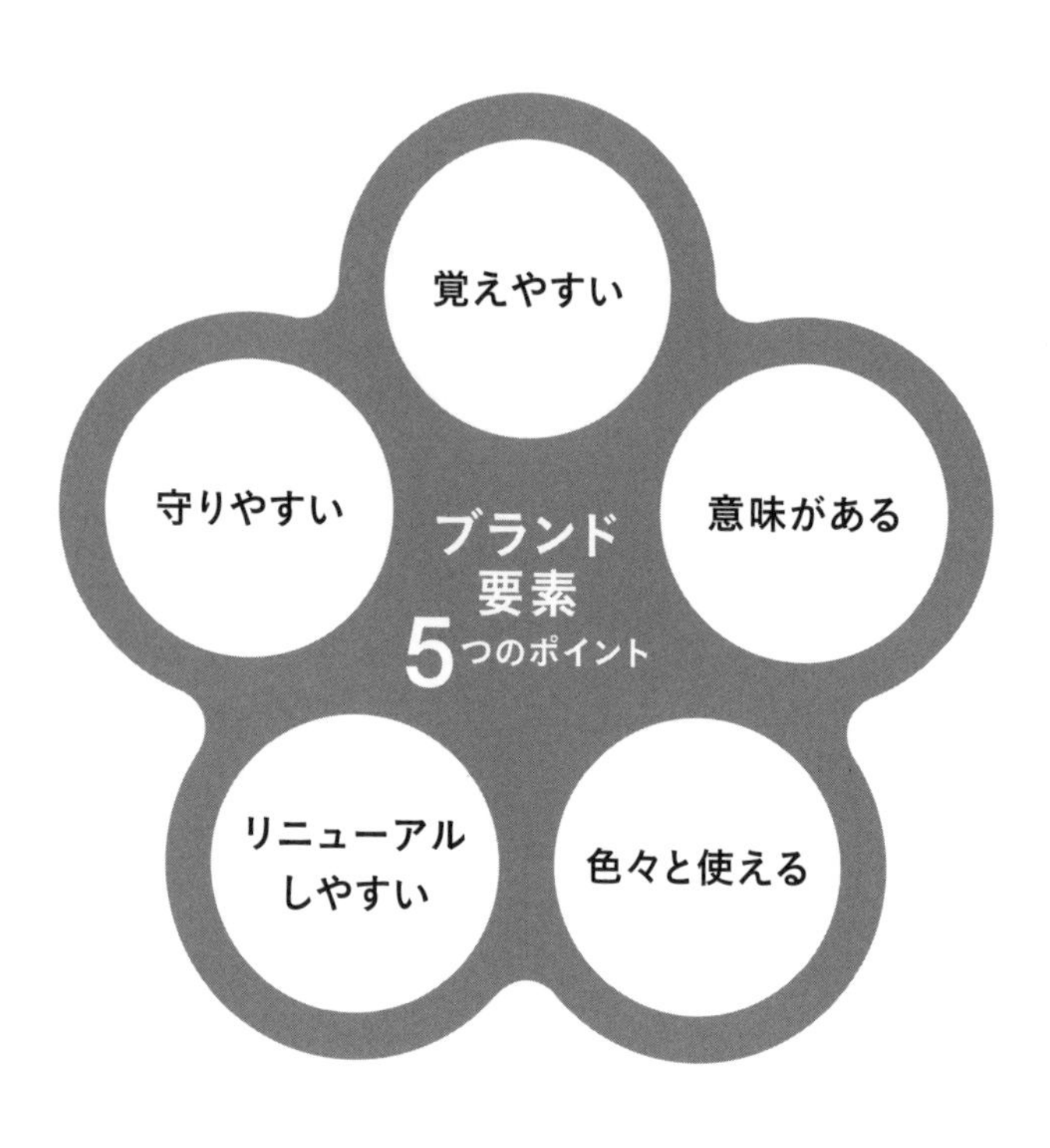

ポイント①
覚えやすい（記憶可能性）

✔ 覚えやすく、思い出しやすいことが重要です。長すぎるブランド名にならないよう気をつけます。

ポイント②
意味がある（意味性）

✔ あなたのブランドがいかにいいものであるか、何を目指しているかなど、自分のメッセージを伝えるような意味を含ませます。

ポイント③ 色々と使える（移転可能性）

✔自分の関連商品にも使え、海外でも使える名前にします。

たとえば、トマトのブランドをつくるなら、これから別の品種を育てるときにも、加工品にも使え、輸出することになったとき、相手国でも使えるのが理想です。

ポイント④ リニューアルしやすい（適合可能性）

✔ブランドは長く続けていく間に、時代やトレンドの変化に合わせてリニューアルが求められます。現代的なイメージを提供し続けるための柔軟性（リニューアルがしやすい）が重要です。

ポイント⑤ 守りやすい（防御可能性）

✔競合他社が似たようなマーケティングをしてきたときに、独自性を維持して対抗できることが重要です。商標登録などができるように作りましょう。

差別化と約束で強いブランドをつくる

商品に独自の名前をつけ、消費者にそれを覚えてもらい、ファンになってもらうことがブランドづくりであると説明してきました。

それは、消費者の意識の中に、「自分のブランドを覚えてもらう領域を確保する」ということです。

つまり、生産者と消費者をつなぐ絆がブランドであると言えます。

この絆は、一般的な人と人の関係性である絆と同じように信頼によって成り立ちます。

そのため、ブランドの提供する価値は、消費者の期待する価値以上でなければなりません。

たとえば、通販で売っている果物が、商品写真は立派なのに、実際に届いてみると写真とはかけ離れた貧相なシロモノだったらそこに絆は形成されず、独自の名前をつけてもブランドにはなりません。

消費者の期待にこたえる価値を提供し、消費者と関係性をつくることがブランドづくり

図 4-1 ブランドは生産者と消費者をつなぐ絆

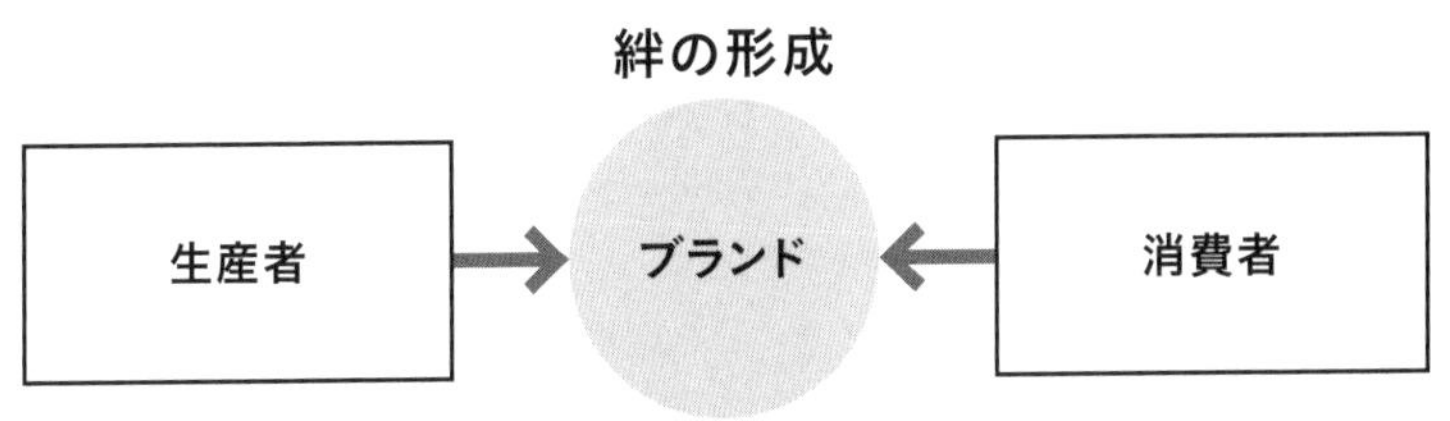

には必要不可欠なのです。

したがって、ブランドづくりの重要なポイントは、消費者に期待をしてもらい、それをしっかりとクリアすることにあります。

そこで重要なことは差別化と約束です。

ブランド化のポイント

差別化×約束

商品に独自の名前をつけてブランドを作っても、消費者が認識していなければ、ブランドとはいえません。

消費者に知ってもらい、名前を覚えてもらうためには、味なり、ストーリーなり、パッケージなりで、差別化がしっかりとされている必要があります。

他の商品との違いがわからなければ、消費者は気にかけてくれません。

商品を差別化できる価値をしっかりと消費者に伝えて、それを覚えてもらう必要があるのです。


ブランドとして消費者との絆を強めていくことは、信頼を強めていくことです。

そして、消費者の信頼を得るためには、約束をする必要があります。

「このブランドの商品は○○である」と約束することで、消費者は約束された価値が提供されると期待し、それ以上の価値が提供されることで信頼を高めるのです。

事例

ASAKAMAI887の「約束」

福島県郡山市で作られるコシヒカリの最高品質のブランドに「ASAKAMAI887」があります。

このブランドは、郡山市内の米生産者の技術と想いを結集し、コシヒカリを極限まで磨き上げた究極の米というコンセプトですが、7つの基準を設け、それをクリア

したものだけをASAKAMAI887として認定しています。

この7つの基準が、消費者に対する「約束」です。

〈ASAKAMAI887の7つの基準（＝約束）〉

①食味値88点以上
②タンパク質含有量6・1％以下
③ふるい目2・0㎜
④整粒歩合80％以上
⑤特別栽培米
⑥農業生産工程管理に取り組むこと
⑦エコファーマーの生産であること

こうした7つの基準があるからこそ、通常のコシヒカリよりも価格が高くても、消費者は安心して、その品質にお金を払うことができます。差別化できる要素をしっかりと約束しているからこそ、消費者はASAKAMAI887をブランドとして認識しているのです。

このように、品質基準を自らに課し、それを消費者に表明すること、つまり消費者に対して品質等に関して約束をすることがブランドづくりにおいては必須となります。

【参考】地理歴表示保護制度（GI）と「約束」

地理的表示保護制度（GI）は、品質などの特性が産地と結びついている地域特産品の名称を国が知的財産として保護する制度です。簡単に言えば、有名な地域の特産品の名前を国で保護する、ということです。

このGIは地域単位での特産品のブランド化といえますが、認定を受けるためには品質管理基準を設け、その管理を行っていくことが義務とされています。

つまり、国が行う地域特産品のブランド展開においても、品質管理に関する約束を表明することが必須とされているのです。さらには、その約束を守っていることの管理が求められます。

地域と連携したブランドをつくる

自分の商品のブランド化も重要ですが、農林水産業では、地域単位でブランドをつくることも重要です。

実際の事例で説明しましょう。山形県新庄市では、地元の農産物などを原材料にした加工品の地域ブランド「新庄いいにゃ風土」を展開しています。

このブランドは、新庄市の食文化や風土を現代の人々に広めていく、残していくというコンセプトで、新庄市内の加工品を作っている複数の事業者が、一定のルールのもと共通で使える「地域の（みんなの）ブランド」として機能しています。

新庄いいにゃ風土では、ブランドに参加する事業者と市が一体となって、イベント出展を行ったり、地元の物産館で商品を販売したり、販路開拓を行ったりしています。

図 4-2　地域ブランド「新庄いいにゃ風土」のブランド展開

Design by 吉野敏充

商品化するにあたっての目的
「新庄の食文化と風土を現代人にもっと広めていきたい」

後世に残し行く「生き字引き」のような
「食の字引き」として現代人に伝わっていって欲しい

「新庄いいにゃ風土」の各商品は、ブランド要素として共通のロゴマーク、同タイプのラベルデザインで一体感を出し、「○○屋のしそ巻き」、「○○さんの豆」など、それぞれの事業者の個別のブランド名を表記しています（左写真）。

名産「くぢら餅」を小容量化

山菜をピクルスに

こうすることで、新庄いいにゃ風土という地域全体のブランドでイベントに参加したり、売り場を作ったりしながら、それぞれの事業者の個別のブランドを消費者に覚えてもらえるように売り出すことができるのです。

スポーツで言えば、団体戦として地域全体でチームを組んで戦いつつ、それぞれが個人戦にも出場するようなものです。

地域のブランドで団体戦を行うメリットには次のようなものがあります。

■地域の特産物などのネームバリューが使える（逆に、今はネームバリューがない特産物でも、地域全体でブランドをつくり、盛り上げていくことで知名度をあげていくことができる）

■同じ地域の他の事業者と連携して、売り先などを開拓できる（地域ブランドとして棚が確保できたり、季節性のある商品を組み合わせて、年間で商品を供給できる）

■自分だけでは参加しにくいイベントなどに参加しやすくなる（出店料が高い場合は、参加者で頭割にできる、販売・接客対応を交代で実施できる）

図4-3 地域と連携して自分のブランドを育てる

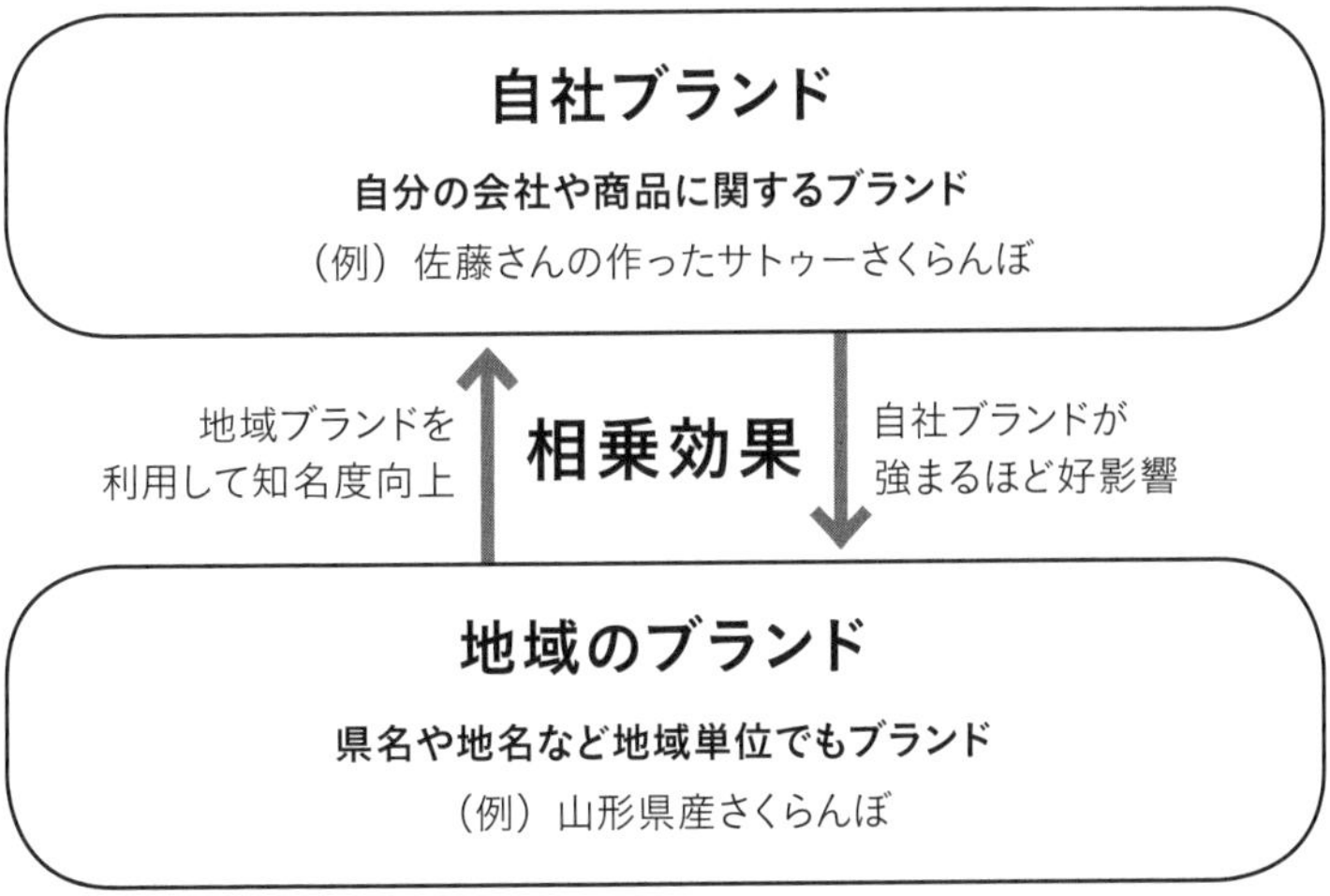

自社ブランド
自分の会社や商品に関するブランド
（例）佐藤さんの作ったサトゥーさくらんぼ

地域ブランドを利用して知名度向上
相乗効果
自社ブランドが強まるほど好影響

地域のブランド
県名や地名など地域単位でもブランド
（例）山形県産さくらんぼ

■行政は特定の事業者を支援するのは難しいが、地域のブランドとして組織化されていれば支援しやすい

■地域を中心に置くことで、他の業種（飲食業や宿泊業、小売業など）と連携しやすくなる（個別企業では連携が難しくても、地域という冠があれば連携が可能になる）

ちなみに地域のブランドを強化するときに重要なのは、「地域内での事業者の連携」です。1次産業から、3次産業まで複数の事業者が「地域」の冠のついた共通のブランドを利用することで地域の認知が高まるのです。

自分の商品のブランドを立ち上げるとき、地元に地域のブランドがあれば有効活用しましょう。

同じ特産物の生産者や、加工品をつくる団体や組織を通じて、他の事業者と連携した団体戦を行うことで、自分の商品のブランドを育てることができるからです。

高校野球で、強豪チームに入って甲子園に出場できれば、選手個人の知名度を上げられるのと同じです。

地域と密着した農業だからこそ、地域のさまざまな事業者と連携し、地域の資源を有効活用することができるのです。

地域の中で連携できるところはたくさんあります（行政、小売業、飲食・宿泊業、金融業、教育機関など）。

使える地域のネットワークや知名度、支援策などを最大限に活用し、新しい自分のブランドを育てていきましょう。

ブランドの価値を考えよう

ブランドづくりでは、現在の自分のブランドの成長度合いを評価することが非常に重要です。ここでは、評価の基準となる「ブランドの価値」について考えます。

マーケティングにおけるブランド研究では、ブランドの資産価値は、消費者が感じるそのブランドの品質（知覚品質）、消費者がブランドに持つ愛着や忠誠心（ブランド・ロイヤルティ）、そのブランドが消費者にどれだけ知られているか（ブランド認知）、消費者がそのブランドに持つイメージ（ブランド・イメージ）、その他のブランド資産によって決まると言われています。

ここでは、この中でもとくに重要な「ブランド・ロイヤルティ」と「ブランドの認知」、「ブランド・イメージ」について紹介します。

ブランド・ロイヤルティ

ブランド・ロイヤリティとは、そのブランドに対する顧客の忠誠心や愛着のことであり、実際には、そのブランドを繰り返し購入する程度で測定されます。

つまり、ブランドに愛着のある人は、何回もリピートで購入してくれる人であり、そのリピートの頻度が多いほどブランドの価値が高い、ということです。

リピートでの購入頻度（繰り返し購買）を示すブランド・ロイヤルティは、ブランドの売上、利益、コストに直結する指標であるため、ブランド価値を決める5つの要素の中でも、最も重視される指標となります。

ブランドの認知

ブランドが、どれだけ知られているか。それがブランド認知です。

当然ながら、より多くの人に知られている方が価値が高く、ブランドづくりを頑張っていく中では、どれだけ知ってもらえるか、認知を広めていけるかが重要となります。

この「認知」には、2つの段階があります。

最初は純粋に「覚えてもらう」段階で、「そういえば、○○ってブランドがあったなぁ」と記憶してもらうものです。

その次の段階では、その記憶を「○○っていえば、■■ってブランドだよね！」と思い出してもらえる（想起してもらえる）必要があります。

ブランドについて、消費者に覚えてもらって、何かのきっかけで思い出してもらえるようになる、それがブランド認知なのです。

ブランド・イメージ

より多くの人に知ってもらうことがブランド認知ですが、知ってもらっていても、そのイメージが悪ければ「売れ続ける仕組み」としてのブランドにはなりません。

ブランド・イメージは、消費者がそのブランドに対して連想するイメージのことです。

ブランド・イメージは消費者の意識の中に作られますから、

図4-4 ブランド認知の2つの段階

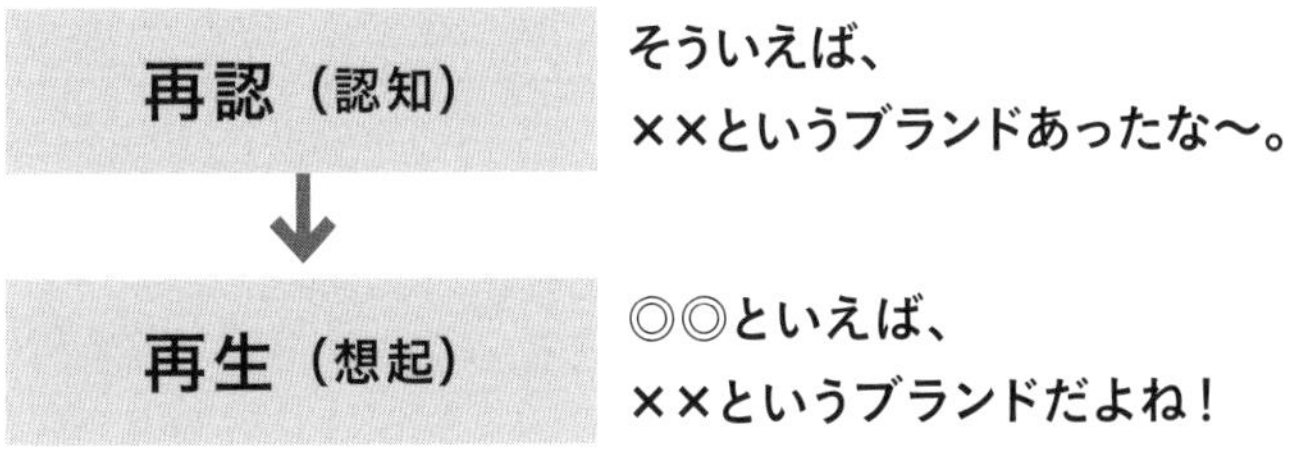

再認（認知）	そういえば、 ××というブランドあったな～。
↓	
再生（想起）	◎◎といえば、 ××というブランドだよね！

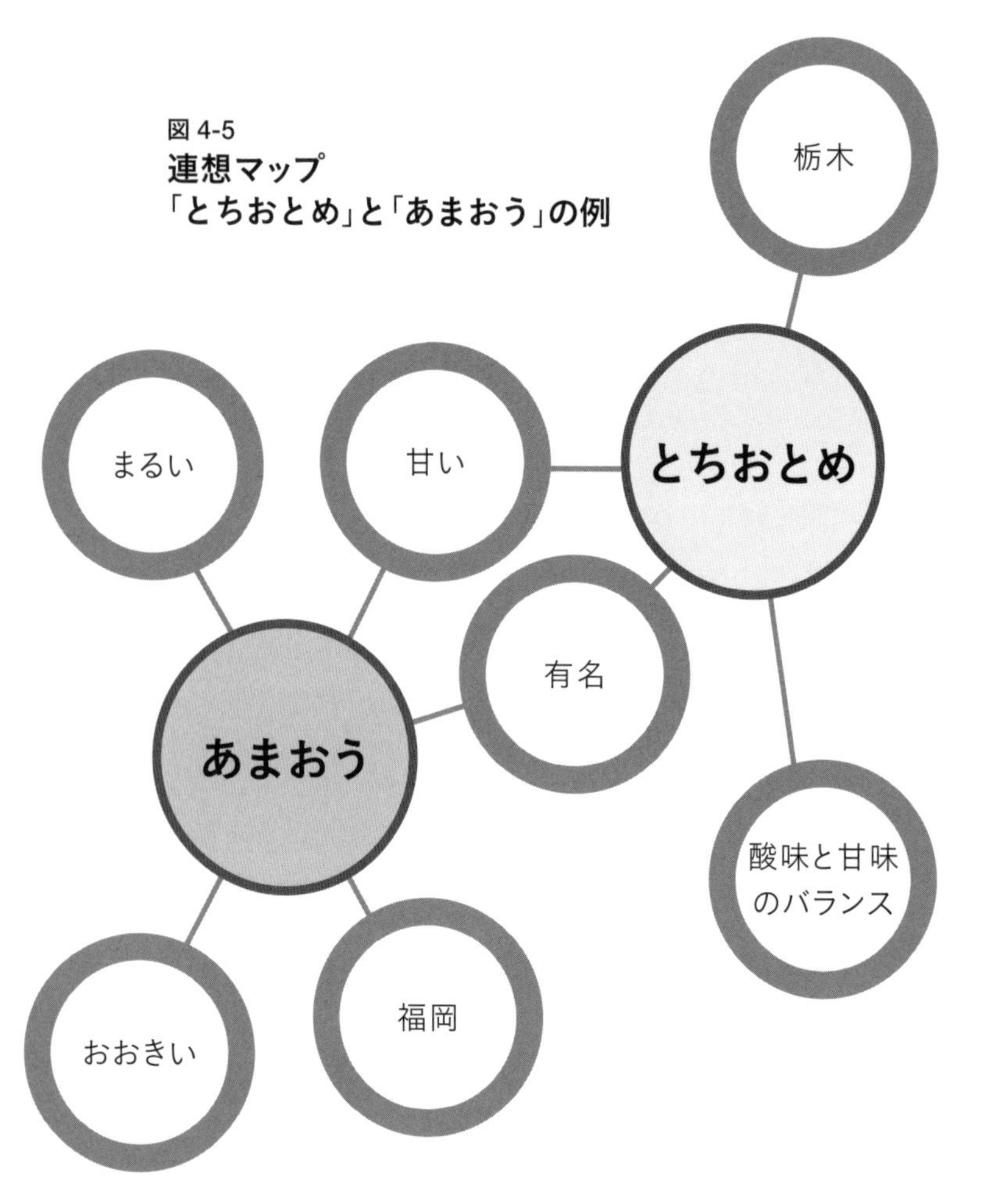

図 4-5
連想マップ
「とちおとめ」と「あまおう」の例

ブランド作りではどのように連想してもらいたいのかをしっかり考え、狙ったイメージ作りをしていく必要があります。

ブランドの連想は、図4-5のような連想マップをつくることで、検討することができます。今の状態で、どんな連想を消費者に持ってもらっているか、アンケートや会話から記載していきます。

たとえば、イチゴの品種である「あまおう」のブランドづくりをイメージすると、あまおうは、あまい、まるい、おおきい、うまいの頭文字をとってネーミングされたことから、ブランドの連想として、まるい、おおきい、甘いといったイメージとのつながりがあるとします。産地の福岡などの地名も連想されるイメージで出てくるかもしれません。

そういった連想のつながりを整理しながら、ライバルであるブランドが持つイメージとの差別化などを考えます。図4-5では、「とちおとめ」との差別化を考えていくにあたり、「あまおう」のイメージのどこを強化していくのか、あるいは新しい連想として、どういったイメージを作り上げていくのか検討するのです。

そう考えると、「とちおとめ」よりも優位性のある特徴である「甘さ」や「大きさ」とのイメージの結びつきを強化していくことがよいかもしれません。

ここまで、ブランドの価値をはかる指標として、ブランド・ロイヤルティと、ブランドの認知とイメージが重要であることを説明しました。

ブランドは、差別化と消費者への約束をしたうえで、より多くの人に名前を知ってもらい、よいイメージを持ってもらい、くりかえし買ってもらうことが重要です。

ブランドの認知を高めたり、狙ったブランド・イメージを消費者に持ってもらうための方法として、大手企業ではテレビＣＭなどが使われますが、非常にコストがかかるので農業生産者が使うには現実的ではありません。

しかし、コストをかけなくても方法はあります。

じっくりと腰を据えて消費者とコミュニケーションをとれば、ブランドの認知とイメージの構築を行うことができます。

消費者とのブランドのコミュニケーション手法（例）

①ＳＮＳの活用

フェイスブックやツイッター、インスタグラムなどを使って情報発信することで、ブランドの認知を高めたり、ブランド・イメージを訴求します。

とくに写真に特化したSNSであるインスタグラムでは、狙ったブランド・イメージを連想させる写真を投稿していくことが有効です。

②動画配信

自分のWEBサイトやyoutubeなどの動画投稿サイトに、自社商品とブランドを紹介する動画をアップロードし、それを見てもらうことで認知とイメージの構築を行います。

ようするに自分でCMをつくって配信するわけです。ただし、アップロードするだけでは動画の再生数は増えませんので、「見てもらえる工夫や企画」が必要です。

③試食&口コミ

ブランドの認知をしてもらうために、最も効果的な手段の一つは「体験」だと言われています。

食の分野であれば試食（=商品の体験）が最も効果的です。食べたときの評価が高いほど、記憶に残り、認知が高まります。

商品のおいしさや品質について体験してもらうことは、よい口コミを増やすことにもつながります。SNS等と連携することで、口コミを効果的に広げていくこともできるでしょう（試食の感想をfacebookやツイッターに投稿してくれた消費者には、ちょっとしたサービスを用意したりすると、口コミの拡散力が増大します）。

④露出強化

イベントへの積極出店、販売場所を増やす、期間限定でも販売してもらえる棚を拡張するなど、当該商品のブランドをできるだけコンスタントに、人の目に触れるようにしていくことで、認知を広げることが可能です。

大都市圏ではイベントの出店や販売の競争が激しいため、ブランドの立ち上げ当初は、まず地元での認知拡大から取り組むことが効果的です。

ブランドは育てるもの

以上、ブランド構築（ブランディング）についてまとめると、次の2点が重要なポイントということになります。

- **ブランドづくりは売れ続けるために必要なことであり、個別の名前（固有名詞）をつけたうえで、ロゴやキャラクターなどで、他の商品と見分けられるようにする。**
- **商品の差別化を行ったうえで、その品質等について消費者に約束をし、できるだけ多くの人々に知ってもらい、良いイメージを持ってもらうようにする。**

ただ、ここで一つの注意点があります。

「ブランド育成」という言葉があるように、ブランドは1回作ったら終わりではなく、育てていかなければならないのです。

とくにブランドの認知は、コツコツと知っている人を増やしていく地道な活動が大切です。構築したブランドは、いろいろと試行錯誤をしながら、継続していくことが成功への道となります。

しかし、継続すると言っても、それはずっと同じ商品を売り続けることではありません。商品とブランドは同じものではないのです。

ブランドは変わらなくても、商品は時代や消費者のニーズにあわせて変化させていかなければ、消費者に見限られてしまいます。

トヨタの「クラウン」という車のブランドを例に説明しましょう。

「クラウン」という高級セダンのブランドは１９５５年の発売以来ずっと続いていますが、販売する車は、時代に合わせて最新のモデルにリニューアルを重ねています。

つまり、ブランドの名前やコンセプトは変えず、ブランドの冠をかぶる商品は、常に顧客に支持されるように見直しているのです。

ブランド要素も時代に合わせて、少しずつ変更していくのが一般的です。クラウンのロゴマークは一貫して王冠をモチーフにしてきましたが、細部のデザインは時代に合わせてブラッシュアップを重ねています。

ブランドは、消費者に支持され続ける、売れ続けるための仕組みづくりですが、それを維持していくには、たゆまぬ努力が必要なのです。

第5章

6次産業化のマーケティング

稼ぐための6次産業化

6次産業化という言葉が使われ始めて久しいですが、もともと6次産業化は「生産者が稼ぐため」に推進されてきました。

少し古いデータではありますが、食用の農水産物の出荷額が約11兆円であるのに対し、消費者の食品に対する消費額は約74兆円だそうです。この数字から、農水産物が流通し、最終消費されるまでに約7倍の付加価値が創出されていることがわかります。

6次産業化は、この付加価値を少しでも生産者や地域で獲得できるようにすることを目的にしています。

つまり、生産者も加工・流通などに取り組み、利益をあげよう、稼ごう、ということです。

ただ、これは国の施策としての6次産業化の目的です。

図 5-1 6次産業化の背景

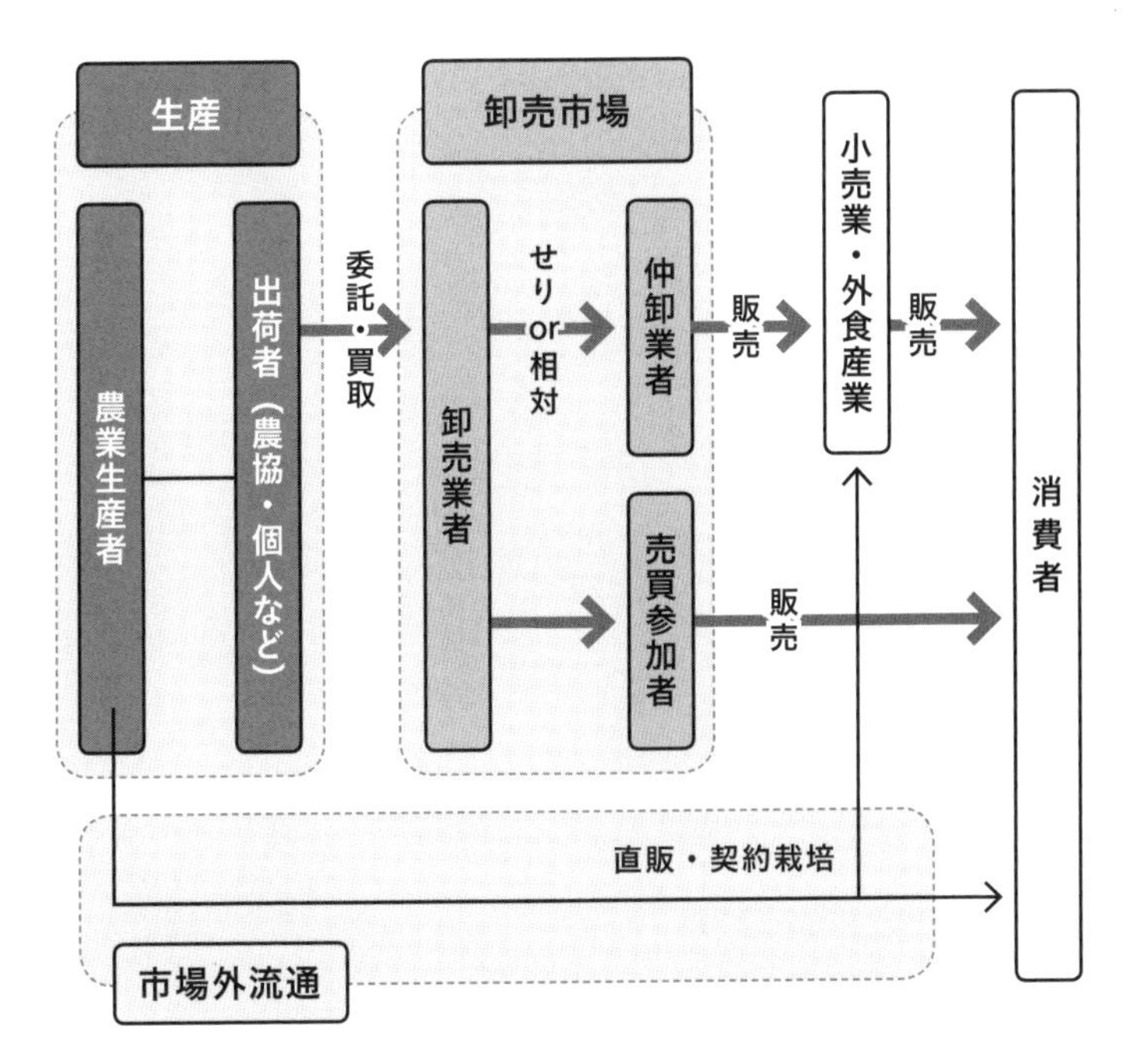

農林水産省 卸売市場データ集(平成23年版)、
農林水産省「食品産業の将来ビジョン」 参考資料集 平成24年3月より筆者作成

農業生産者が６次産業化に取り組もむときは、必ずその理由や目的を明確にしておく必要があります。目的によって、取り組むアプローチが変わるためです。

６次産業化は、あくまでも手段であり、それ自体が目的ではありません。加工や流通、観光などの２次産業、３次産業は、自分の目的や目標を達成するための手段です。

６次産業化の目的の例

- ✔ 冬場など、農作物が生産できない期間のビジネスにする
- ✔ 余った農産物や規格外農産物を販売する
- ✔ ６次産業化で農作物の付加価値を高め、利益率を向上させる
- ✔ １次産品の販売拡大のための施策とする
- ✔ 輸出によって海外市場を開拓する

6次産業化で稼ぐためには、加工品の製造や販売であっても、農家民泊のようなサービスの提供であっても、消費者から支持されなければ成功しません。

最終的に商品の評価をするのは消費者です。

消費者は比較することで商品を評価します。品質と価格を類似の商品、競合他社の商品と比較し、商品を購入します。

重要なのは、加工品は同じカテゴリーの商品と比較されるということです。

消費者はジャムであれば他のジャムと、ドレッシングであれば他のドレッシングと比較します。

農業生産者が生産・販売する商品も、大手食品メーカーが製造する商品も、他の地域の農業生産者の商品も、同じ土俵で比較します。

そのため、あなたが作る6次産業化商品にはプロとしての品質が求められますし、競合する商品との差別化が必要になります。

「農家が作っている」という差別化は、今でも大手食品メーカーとの差別化策として有効ではありますが、競合する他の6次産業化商品との差別化にはなりません。

とくに食品スーパーや百貨店の販路を開拓したいときは、明らかな差別化が必要です。

小売業では、基本的にすでに「仕入れ」がされており、棚はすべて埋まっている状態です。あなたの商品をバイヤーが採用し、棚に置いて販売するということは、もともとそこにあった別の商品をカットして、あなたの商品を仕入れるということです。

小売業の陳列棚は有限であり、席取りゲームのようなものです。バイヤーから見れば、新しく仕入れる商品は、元々あった商品よりも売れる（売れそう）と確信できるものでなくてはなりませんから、6次産業化でつくる商品やサービスほど、差別化が重要となります。

だからこそ、しっかりとしたマーケティング戦略（STP）の立案が求められるのです。

地域との連携が重要

1×2×3。

6次産業化という言葉は、1次産業、2次産業、3次産業を掛けると6次になることからきています。

それだけに6次産業という言葉に含まれる領域は非常に幅広く、自分の作る農産物を原材料とした加工食品の製造から、販売店舗の運営、農家民泊、農業体験の提供、農家レストランまで、幅広い業態があります。

だからこそ、自分ですべてを行うのか、その分野の他の事業者と連携して行うほうが合理的なのか、よく考えてみましょう。

とくに、次項にあげるような要素が地域や自分たちに足りない場合は、地域の加工業者やメーカー、小売業や飲食業といった事業者と連携する方が効果的、かつ効率的である場合が少なくありません。

とりわけ、6次産業化の出口は売り場であるため、売り先となる事業者を巻き込むことは売上確保のために重要です。

6次産業化を実施する場合のチェックポイント

- ✔地域の協力、地域を巻き込んだ事業になっているかどうか
- ✔取組む2次産業（加工・製造）や、3次産業（サービス業）のノウハウがあるか
- ✔取組みを継続していくための資金力や人材の確保ができているか（少なくても3年間は維持できる見込みを立てる）
- ✔加工品の販売先、サービスの提供先の確保・見込みがたっているか
- ✔機械や設備を購入する場合、年間を通じて動かすことができるか

地域の他の事業者を巻き込み、連携して加工品づくりやサービス提供することは、地域ぐるみの6次産業化と言えます。

地域で連携を進める方がリスク分散の意味でも有効です。

たとえば、あなたがレトルト加工の機械を融資等を受けて、数百万円で購入することはリスクになりますが、レトルト加工機を持っている地域の事業者と連携すれば、そのリスクは抑えられます。

さらに、6次産業化の出口となるスーパー等の小売業と連携することができれば、販売面のリスクを減らすことができます。

地域にとっても、6次産業化を核として地域内の産業連携が進めば、地域産業全体の活性化につながります。地域性に紐づいた農産物を事業の中心におくことで、加工品の販売や観光まで含めた地域ブランドの構築にもつながるのです。

6次産業化を通じて地域と連携することは、農業経営者が地域のコーディネーターになるということです。

商品やサービスの展開を背景にした農業と地域のコラボレーション・連携が、農業者のビジネスを加速し、地域の活性化につながるのです。

地域と連携した6次産業化、という視点で地域を見渡せば、連携先となりそうな事業者がたくさんいます。

図 5-2　6次産業化と地域活性化

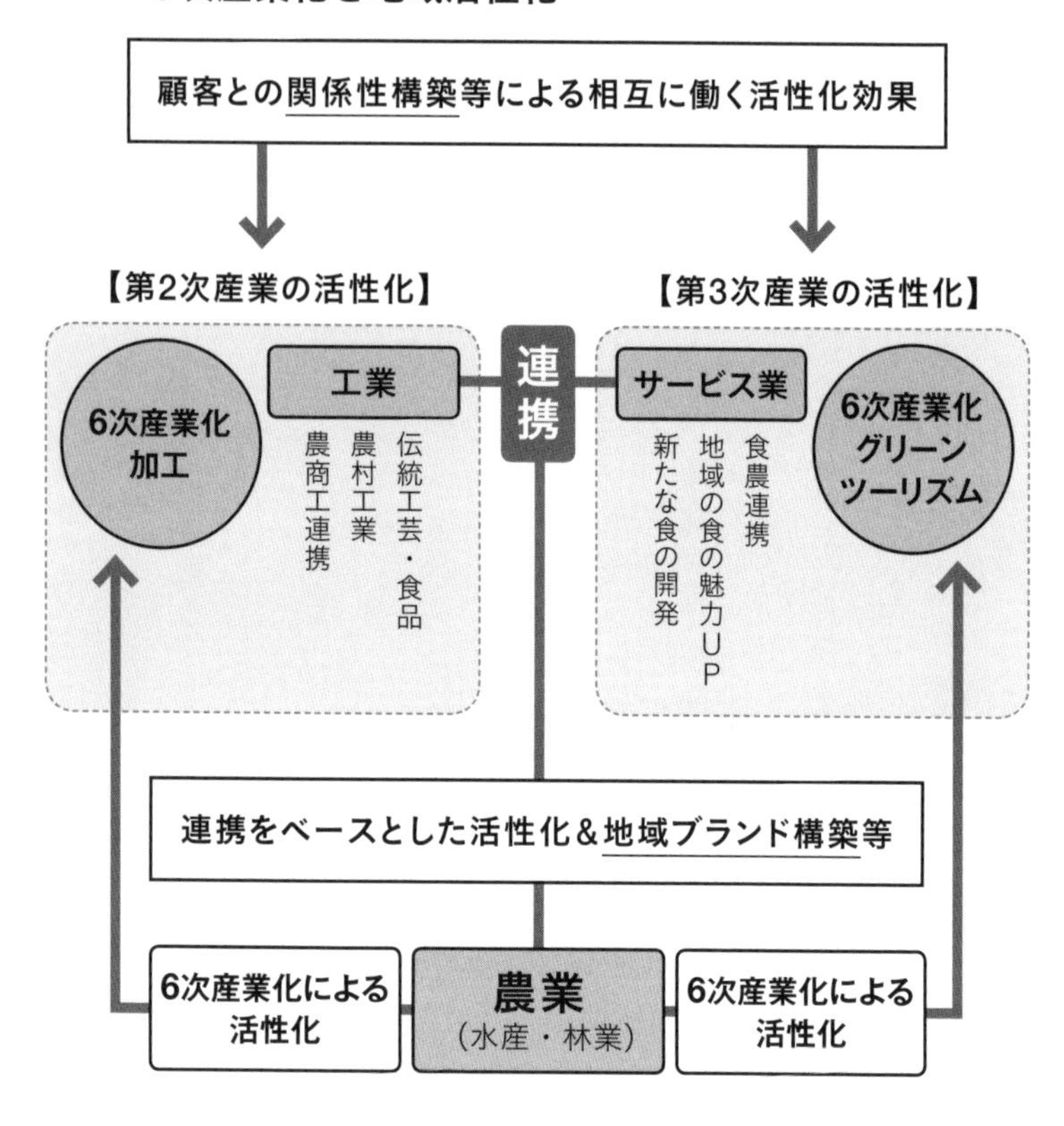

地元の小売業との連携

地元のスーパーや百貨店といった小売業との連携。

地元スーパーのオリジナル商品として地元産の原材料を使った商品を連携して製造し、販売するような取り組みです。

スーパーで販売するお惣菜等の原材料として農産物を供給し、スーパーが加工・販売する形での連携も可能です。

この場合、単なる原材料供給ではなく、「○○農園の枝豆」といったように展開してもらうなど、付加価値を一緒に高めるような戦略的な連携がポイントとなります。

地元の飲食業との連携

地元のレストランやホテルといった事業者との連携。

地元産農産物として原材料を供給し、地産地消メニューのような形で展開してもらいます。

これは、1対1の取引はもちろんのこと、生産者側も飲食業側も、複数の事業者が参画し、地域全体の取り組みとして実施することも大変効果的です。たとえば、地域特産の農産物を使った共通メニューを複数の店舗で提供してもらうような取り組みです。

こうすることでB級ご当地グルメのように、地域名+メニュー名で知名度をあげていくこともできます。

行政・学校との連携

地元の小学校や幼稚園などと連携した食育イベントの実施、収穫体験、農業体験学習など。

「体験型」の6次産業化を行っていく上で必要な知識や運営ノウハウが構築できるだけでなく、地域の消費者とのネットワークづくりにもつながります。

また、地元の大学や農業高校、高専などの高等教育機関と連携すれば、産学連携での新たな取り組みが可能になります。

たとえば、大学と連携した新たな技術開発（殺菌方法、生産管理システム…など）や新品種開発、新たな栽培方法の確立、大学生のアイデアを使った新商品開発、メニュー開発などがあげられます。

病院・福祉法人との連携

高齢化社会の現代では、病院や介護施設との連携も検討できます。病院や介護施設への食材供給だけでなく、連携して介護食を開発したり、健康増進を目的とした農業体験なども考えられます。

顧客ターゲットを高齢者に合わせて6次産業化を検討する場合は、積極的な連携を検討してみましょう。

視野を広げれば、地域には連携できそうな様々な事業者がいます。6次産業化では、地域内での連携も合わせて考えてみましょう。

6次産業化の商品づくりのポイント

農産物でも6次産業化の加工品でも、マーケティングの基本は変わりません。
ここでは6次産業化の商品づくりでとくに考えておきたいポイントについて、主に農産物等を原材料とした加工品づくりを想定して紹介します。

利用シーンを想定する

6次産業化で加工品を作る場合、その商品を「誰が、いつ、どのようなシーンで購入・消費するのか」をきちんと定義しましょう。

たとえば、地元特産の農産物を使ったドレッシングを作る場合、お土産用商品と日常使いの商品では、パッケージや販売場所、量目など、マーケティングのアプローチが変わってきます。

図5-3 6次化産品の利用シーン

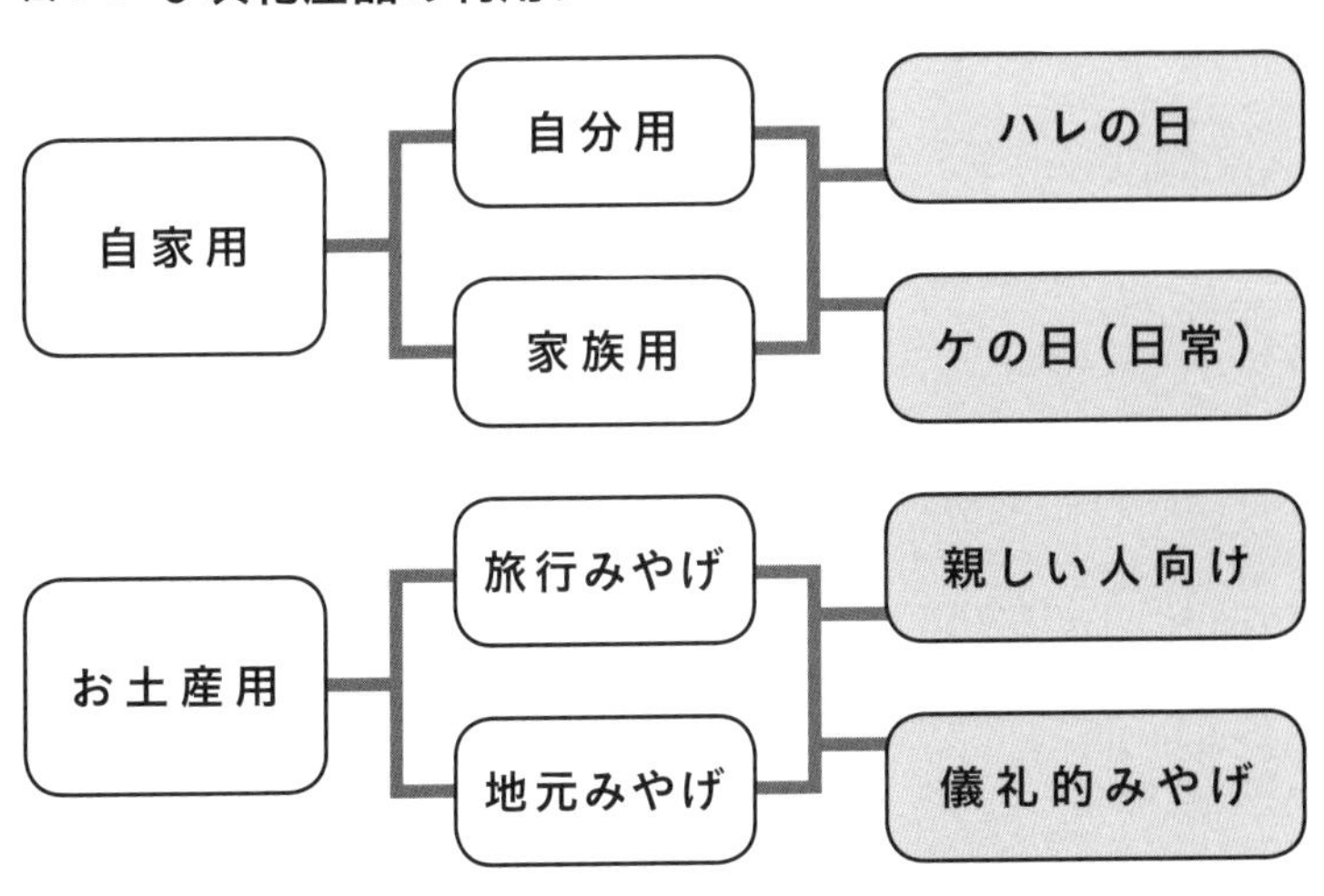

自家用なのか、お土産用なのかは大きなポイントですし、お土産用でも、地域内の人が「手土産」に使う場合と、旅行者が買って帰る「お土産」では、価格やパッケージが変わります。

さらに旅行土産も、親しい人に差し上げるものなのか、職場や会社などに持っていくかで、商品のタイプが変わります。職場などに買っていくお土産は、一定の入り数と個包装が重要（配るため）だからです。

自家用でも、「いつ」食べるのか、その目的によって商品の形態を変える必要があるでしょう。

お祝いやイベントなどのハレの日に食べるものなのか、日常のケの日に食べるものなのか、それによってパッケージのデザインや量目、価格が変わってきます。

このように、「だれが、いつ、どのようなシーンで買う／食べる」を想定し、シーンに合わせた商品の見直しや、商品のラインナップの拡大を考えていくことが重要です。

イベントに合わせた季節限定商品を展開したり、家庭用と土産用の同時展開などを検討してもいいでしょう。

新しい発想がイノベーションを生む

これからの商品開発では、既存の流通の仕組みや概念にとらわれない自由な発想が必要です。

画期的な商品を作るには、「食べる人の視点」で今までなかった新しい商品、新しい売り方を考えてみてください。

これは将来の需要を自ら創造していくことにつながります。

今の常識は普遍的なものではありません。新たな需要を切り拓くには、あえて常識に疑問を持つことが大切です。

そんな事例をひとつ。茨城県を中心に2018年ごろから密かに流行している商品に「冷やし焼き芋」があります。コンビニエンスストアのスイーツとしても発売され、人気を博しています。

焼き芋は冬の食べ物だ（＝サツマイモは冬の食べ物だ）という常識を超えた先にある商品です。

「夏でも焼き芋を食べてもらうことができないか」という発想と「冷やした焼き芋はねっとり甘く美味しい」という商品の特性を組み合せたことで、「夏に食べる冷たい焼き芋」という新食感の商品が誕生しました。

さらにそれが消費者の「ナチュラルでヘルシーなスイーツ」というニーズに刺さってブームになり、サツマイモの新しい需要を開拓した画期的な商品となったのです。

現時点での需要（ニーズ）をとらえることは当然です。が、食べる人の視点に立って自分の商品や農業の弱み／弱点と向き合ったところに、新しい価値を創造できる可能性があるということです。

「どうせ○○は売れない」、「常識的に考えて不可能だ」と考えがちなものは、逆転の発想で新しい需要を開拓できるマーケットかもしれないのです。

焼き芋もかつては、「どうせ夏には売れない。それが常識」と思われていた商品でした。

パッケージングと量目を工夫する

6次産業化の加工品は、農産物よりもパッケージングを工夫できる余地があります。

パッケージは売上を左右します。形やデザインで陳列方法が変わったり、中身が多く見えたり、少なく見えたりします。どれくらいの量目にするかによって、価格も変えられます。

量目はターゲットにする顧客層に合わせて調整します。家族世帯をターゲットにするなら多めでもいいでしょうし、20代の独身男性といったターゲットであれば、少なめの分量の方が売りやすいかもしれません。

たくあんの例で説明しましょう。

たくあんは、1本売りできる商品です。

しかし、家族人数が減っているなか、まるまる1本だと大きすぎて売れないかもしれません。

それであれば、1本を3つに小分けしたパッケージで販売します。残す心配がない食べき

図5-4 たくあんの例

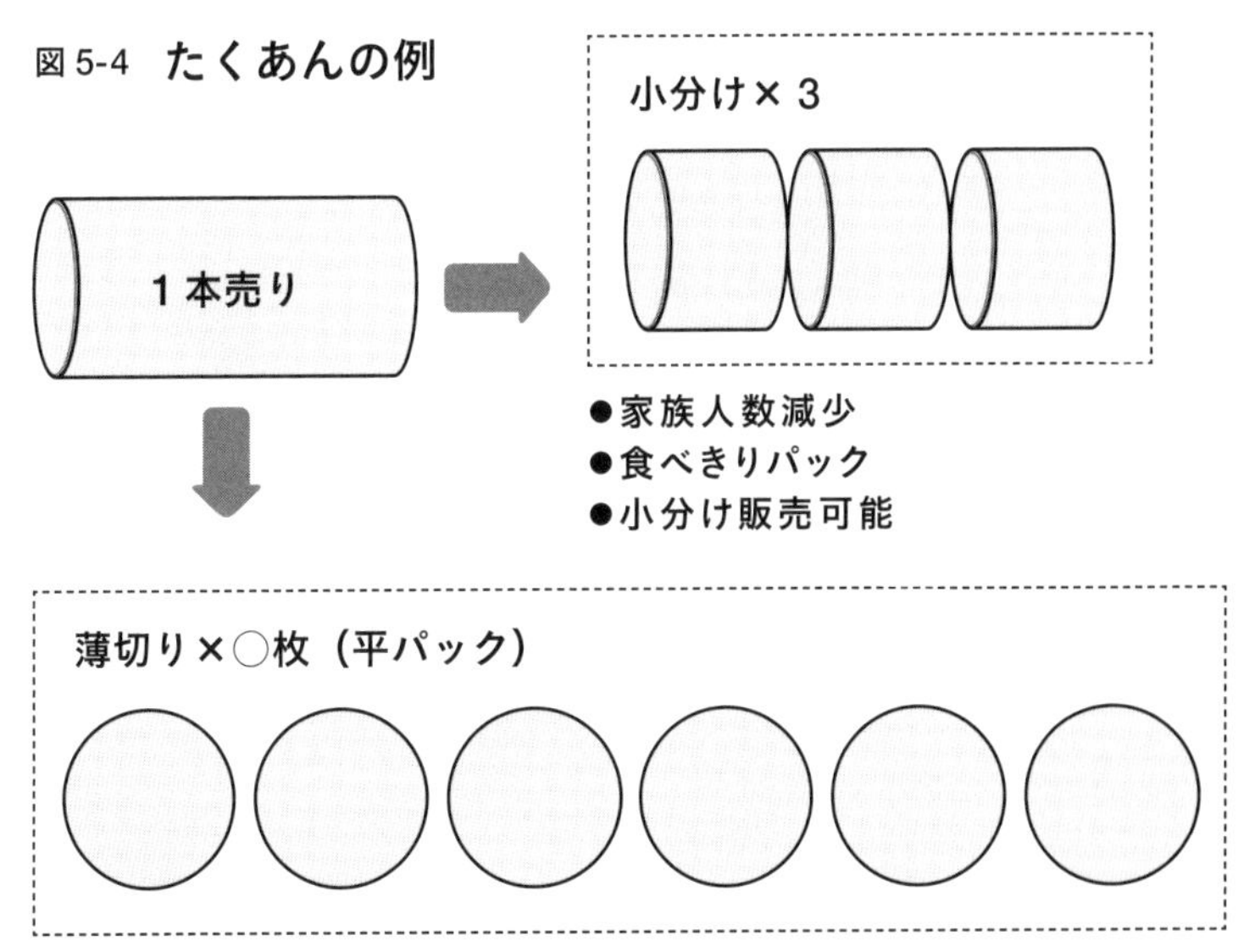

りサイズであれば気軽に買えますし、簡単に自分好みの厚みにカットできます。

ただ、「家でたくあんを切る」のが面倒だと思う消費者もいます。ターゲットを「共働きの夫婦」と設定するなら、切る手間を省いて時短ニーズに対応する「スライス済み」の商品の方が支持される可能性があります。

この場合は、平たくパックするといいでしょう。同じ枚数でも重ねるより広げたほうが多く見えますし、一目でスライスしてあるのがわかります。

どんなパッケージにするか、量目をどうするか、は、マーケティング戦術のProduct（製品・商品）に相当します。

6次産業化で加工品を作る場合は、とくに顧客とするターゲットと、そのターゲットのニーズに合わせて工夫する必要があります。

バリエーションの重要性

スーパーなどの加工食品のバイヤーが、地域色を持った商品を選ぶときに重視する要素の一つにバリエーションの豊富さがあります。

1つの商品だけでは棚を作ることが難しいこと、複数のバリエーションを展開すれば消費者に選択肢を提供できることから、バリエーションを求める傾向が強まっています。

そのため、6次産業化で加工品を作る場合は、将来的にバリエーションを増やせるように考えておくといいでしょう。

販売中の商品の売れ行きが好調であれば、バリエーションを拡大することで、より売上を伸ばすことが可能です。

バリエーションの拡大方法としては、

図5-5 バリエーションの拡大

● 味の違いのバリエーション　● カテゴリーのバリエーション

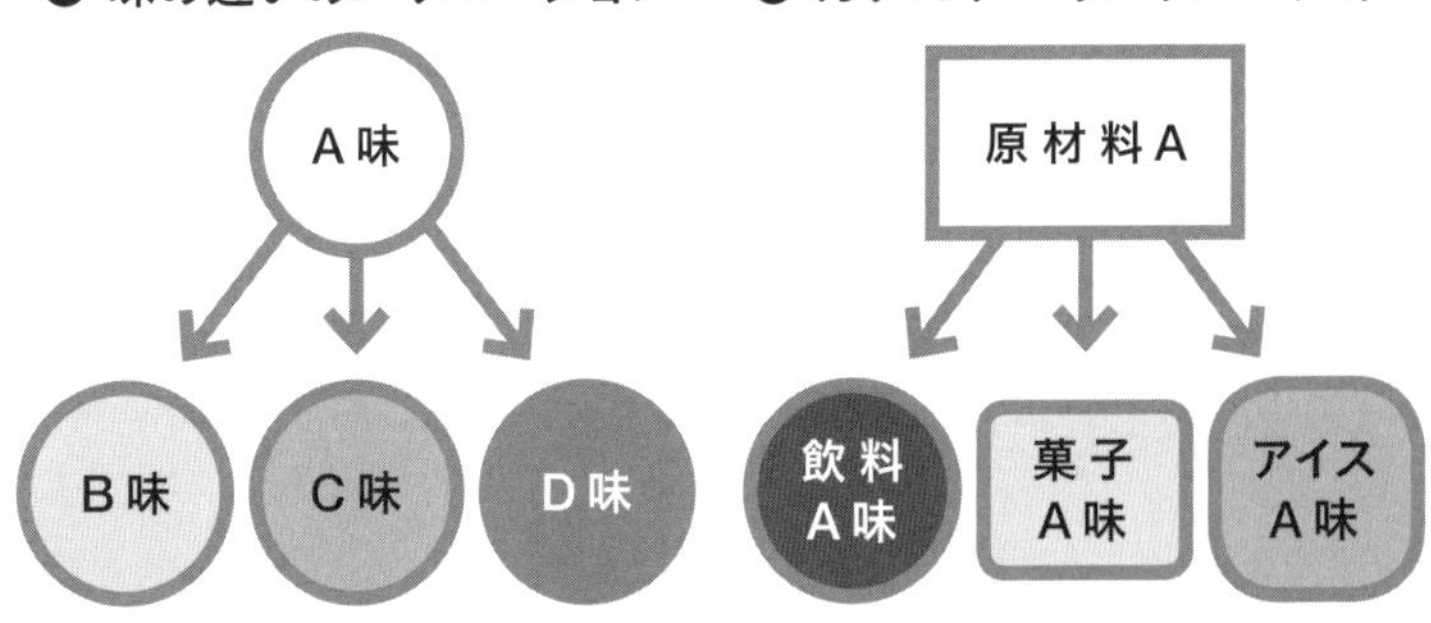

● 原材料の違いによるバリエーションと容量のバリエーション例

・同じ商品名、ブランドでの味違い（フレーバー）商品
・同じ地域の他の原材料を使った商品展開
・同じ原材料で作る別のカテゴリーの商品
などが考えられます。

また、顧客の買い方に合わせた量目違いでのバリエーション展開も可能です。前のページの事例写真はある生産者の作るジャムの写真ですが、フレーバー別だけではなく、大容量と小容量の2種類をラインナップしています。

その生産者は、自分の好みのジャムを見つけた消費者が、同じ味のジャムを購入し続けることを知り、大容量のジャムをつくったところ、リピーターに大人気とのことです。

まずは地元から！ 戦国武将戦略のススメ

6次産業化を進めていく上で参考になるのは、戦国武将がとった戦略です。戦国武将は、どうやって天下を目指したのでしょうか。

彼らはまず地元を平定し、足場固めをしてから、天下を取りに行きました。そして、武将同士で連合を組み、天下統一を目指したのです。

6次産業化も同じように攻めることができます。

まず、**地元で売るところから始めて、地元での実績を積み立ててから、天下を取りに行くのです。農業者同士、あるいは地元内企業で連合を組むことも有効でしょう（地域と連携）。**

全国では多くの地域や農業生産者が6次産業化に取り組んでいます。その多くは「大消費地」での販売を目指します。

首都圏の小売業バイヤーの声

「よさそうな商品なのはわかるけど…
地元で売れているの？」

「地元で売れていない、
売られていない商品は怖くてとれないよ」

「地元で売れていて、
首都圏に来ていない商品が 一 番欲しいな」

**道の駅や直売所でもいいので
「売れている実績」を作ることが大事！**

その結果、東京や大阪、名古屋といった大消費地では、地方産品、6次化商品の棚の取り合いで競争が激化しています。

全国から様々な加工品が都市部になだれ込み、限られた陳列棚を巡って戦いを繰り広げています。

まさに食の関ヶ原とも言える状況です。

こうしたなか、仕入れを担当するバイヤーも、商品選びに苦労しています。そんな彼らが重要視するのが実績です。

多数の商品の売り込みがある中で、彼らは「最も売れそうな商品」を選ばなくてはなりません。

そのとき「地元で売れている実績」は非常に強い武器となります。

道の駅や産地直売所でもいいので、「売れている実績」を地元でつくれば、バイヤーが選ぶ根拠になり、大消費地での販路拡大につながるのです。

さらに言えば、大消費地での陣取り合戦（棚の取り合い）に負けてしまったとしても、地元で売れているという安定したベースがあれば、力を蓄えて、再び大消費地で戦うことができます。

そのベースを持たずいきなり大消費地での戦いに臨めば、大消費地で負けた瞬間に、6次産業化が終わってしまうかもしれません。

草の根の小さな取組みからスタートし、大きく育てていくことが6次産業化の重要なポイントであり、戦国武将戦略の肝です。

少し作ってみて、地元で売ってみる、といった小さい取り組みであれば、用意する商品の量もリスクも少なくすみますし、地元の人の味の好みはよくわかっていますから、売れる商品も作りやすいのです。

地元のスーパーや販売店と連携できれば、安定した販売先が確保できます。

「地元の商品」というのは、非常に強い差別化ですから、大消費地のような熾烈な競争にさらされることもないでしょう。

6次産業化の戦国武将戦略とは、まずは地元から攻めていき、最終的に天下を目指す「コツコツ売上と仲間（＝連携先）を増やしていく」戦略なのです。

図 5-6　6次化産品の戦国武将戦略

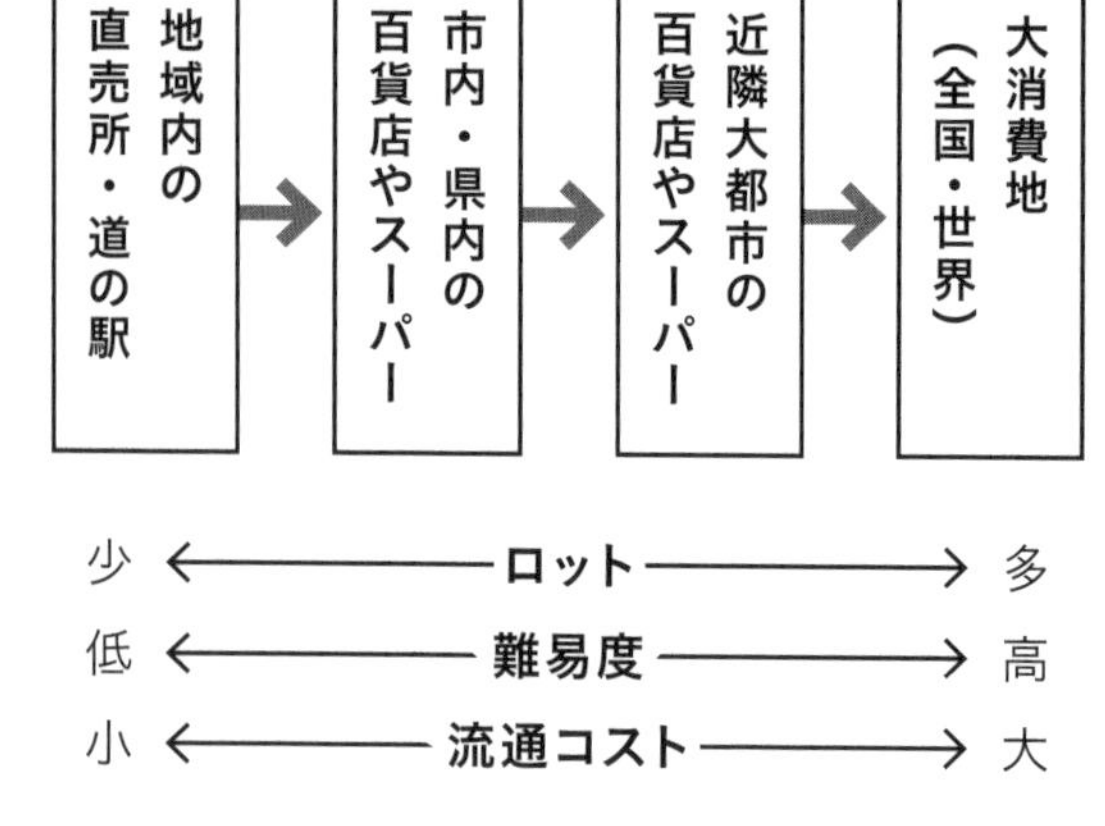

6次産業化と経営

6次産業化は経営の視点で見ると、事業の多角化です。そのため、いくつか経営視点で注意するべきポイントがあります。

社内資源配分

自社の持つ資源（ヒト・モノ・カネ・情報…）を整理する必要があります。農作業が忙しい時期に加工のピークが重なるようでは、事業継続が難しくなるでしょう。**経営とは、経営資源の配分の意思決定です。**目指す6次産業化事業を実現するためには、自分の経営資源の過不足を確認し、それに対応する事業を計画する必要があります。

出口戦略の重要性

6次産業化は、出口、すなわち販売先や販売チャネル、売り場を確保することが重要です。出口を作らなければ、生産した商品が滞留してしまいます。

農産物は規格に沿って生産していれば、「最後の出口」の卸売市場へ出荷ができますが、加工品にそういった出口はありません。売り先は自分で確保しなければなりません。

ポートフォリオの重要性

農業が避けて通れない豊作・不作といったリスクは、1次産業と6次産業の経営上のバランス（＝ポートフォリオ）を調整して解決できる可能性があります。

1次産業の天候リスク等を6次産業で吸収できる枠組みができれば、6次産業化は経営の安定化に貢献します。1次産業と6次産業で売上と利益のバランスを考えるようにしましょう。

また、農産物同様、加工品も出荷先の分散とバランスを考慮することが有効です（＝出荷先のポートフォリオ）。

販路を拡大し、出荷先を分散することで、販売先に関するリスク分散ができます。

経営視点で6次産業化をとらえる場合、1次産業と組合せて、どのように強い経営を構築できるか、という視点で考えましょう。


最後に、絶対に失敗しない6次産業化の方法をお伝えします。

それは、辞めないことです。

成功するまで続けることができれば、成功するのです。成功する前に辞めてしまうから「失敗」というのです。

冗談のように聞こえるかもしれませんが、本当です。**もっとも重要なことは、始める前に悩み、始めたら貫き通すことです。**

商品やブランドは育てるものであり、最初から成功するものではありません。つまり、中長期的な経営戦略の中での6次産業化の位置づけを考え続けていくことが重要なのです。

もし、6次産業化を続けるべきか、辞めるべきか判断に迷ったときは、経営ビジョン、信念に立ち返ってください。

何のための６次産業化であるのかを問い直すことで、やるべきこと、やらなくてもよいことが見えてくるはずです。

第6章

輸出のマーケティング

輸出先の人々を知るのが成功への第一歩

国内のマーケットは、少子高齢化に伴う人口減少や高齢者人口の増加を背景に、縮小が進んでいくと予想されます。

しかし、地球規模でみれば、世界人口は増加していく傾向にありますから、農産物やその加工品の輸出は、これから伸ばしていけるマーケットであると言えるでしょう。

農産物輸出は今や、国策としても推進されており、国からさまざまな支援を得ることができます。

ここでは、輸出のマーケティングについて整理していきます。

実は輸出といっても、マーケティングの考え方や手法は変わりません。日本国内でマーケティングができていれば、輸出でも同じようにできるはずなのです。

では、何が輸出を難しくしているのでしょうか？

その一番大きな理由は顧客の理解が難しいことです。

日本で生まれ育った生産者なら、地域によって多少の差があっても生活環境や食文化が同じような日本の消費者について理解するのは難しくありません。ある意味、自分自身もその一部だからです。

しかし、輸出先の国々の消費者は、日本とまったく異なる社会、生活環境で生活しており、まったく異なる食文化を持っています。

国内のマーケティングではなんとなく消費者像をイメージできるので、厳密な調査をしなくても何とかなってしまう面もありますが、輸出ではそうはいきません。

人々のニーズをしっかりと捉え、理解し、それに対応する「マーケット・イン」が必須です。

輸出であっても、マーケティングに取り組むステップはいつもと同じで、「マーケット・イン」を実現するための戦略・戦術作りは、「環境分析と市場機会の発見」からスタートします。

日本とはまったく異なる現地の消費者、環境、競合相手などを「知る」ことから始めるわけです。

図 6-1　**現地と日本は何が違う？**

現地の環境

日本と比べて…

- 法規制が違う
- 商慣習が違う
- 文化・宗教が違う

現地の統合

日本と比べて…

- 独自の商品、メーカーが存在する
- 営業手法が違う
- 既存ブランドの強さ
- PBの割合が大きい

現地小売業

日本と比べて…

- 店舗のつくりが違う
- 規制が違う
- 商品構成が違う
- オペレーションが違う
- 取引条件が違う

現地生活者

日本と比べて…

- 購買行動が違う
- 食生活が違う
- 金銭感覚が違う
- 家族構成が違う
- 生活習慣が違う

ここでは、大きく4つの分野で競争環境と市場の状況を考える手法を紹介します。

①現地の社会環境

そもそもの社会環境の違いを理解することが重要です。

法規制がまったく違ったり、商慣習そのものが違ったり、資本主義ではなく、社会主義であったりします。宗教や宗教観が違ったりもします。

宗教が食文化や社会のあり方に強く影響している国は、少なくありません。社会の仕組みがどうなっているのか、その背景には何があるのかも、しっかりと理解する必要があります。

このあたりは、現地を視察して肌で感じるのが一番ですが、必要な情報は外務省やJETRO（日本貿易振興機構）のWEBサイト等のほか、現地に住む日本人のブログやその国に関する書籍などでも取得できますので、事前にチェックしておくといいでしょう。

②現地の競合

現地での競合企業や競合する農産物や加工品のの有無は、しっかりと調査する必要があります。

日本では聞き慣れない現地の企業が競合であることもあれば、別の国の産地や食品メーカーが競合になるケースもあります（タイで、中国企業と競合する、など）。

また、競合の営業手法が日本と違っていたり、現地のスーパーなどが独自に展開するプライベート・ブランド（ＰＢ）の強さが違っていたりします。

プライベート・ブランドは小売業などが独自に展開する自社ブランド商品のことで、日本ではセブンプレミアムやイオンのトップバリュなどが代表的なＰＢですが、海外では、日本国内よりも売り場や売上に占めるＰＢの割合が大きい傾向にあります。

現地の競合については、現地の店舗に行って情報を収集します。

自社の農産物や加工品を取り扱ってもらいたい売り場を見て、どんな商品が、いくらで、どうやって売られているのかを確認し、競合することになる商品は購入して試食してみるなど、徹底的に現状を把握するのです。

そのときには、マーケティング戦略（ＳＴＰ）や、マーケティング戦術（４Ｐ）に沿って、競合する商品を分析（推理）してみるといいでしょう。

③現地の小売業や飲食業

あなたが取引したいと考えている現地の小売業や飲食業は、基本的には日本と違うルールや考え方で動いている、と考えましょう。

店舗のつくりが違ったり、日本とは違う法規制を受けていたり、店舗の運営方法やオペレーションが違っていたり、そもそもの取引条件が大きく異なるかもしれません。

④現地の消費者

もっとも調査すべき重要な対象は、現地の消費者です。

文化や宗教の違いを背景に、消費者の行動や意識は日本とは大きく異なります。

食生活の違いはもちろんのこと、スーパーでの商品の買い方（こまめに買うのか、まとめ買いが中心なのか等）から、金銭感覚（ＧＤＰなどで推測可能）、家族構成や生活習慣（断食がある、特定の曜日にお祈りするなど）に至るまで、さまざまな角度から調べる必要があります。

これもＪＥＴＲＯ等の資料に加え、ＷＥＢや現地の人のＳＮＳなどを見て情報を集めつつ、実際に現地で消費者の行動を観察したり、話を聞いてみるなどして、理解を深めていくことが大切です。

輸出を考える生産者の方から、よく聞かれる質問があります。

「輸出向けに、新しい商品を開発すべきでしょうか？」という質問です。

もちろん、顧客のニーズに合わせて商品開発できれば理想的ですが、新しいマーケットを開拓するリスクを考えると、コストは最小限におさえたいですから、現在ある商品を現地用に最低限変更する（パッケージや食品表示など）にとどめて、まずは輸出することを最優先に考えるべきでしょう。

また、場合によっては、ＧＤＰの大きさ（人々の可処分所得の大きさの参考になる）や輸入規制の状況を調べたうえで、自社の商品が最も合いそうな国を探し、その国を輸出のターゲットにする方法もあります。

あえて輸出しにくい国を選ばず、輸出しやすい国から攻めていくのも一つの選択肢なのです。

輸出先の国の消費者とそのニーズを理解し、自分の商品の「機能的価値」(43ページ)を考えたうえで、現地の消費者向けの「意味的な価値」(43ページ)を創造し、それに合わせた商品訴求を行うこと、つまりマーケティングで顧客のニーズと商品のマッチングを行うことが、国内同様、輸出のマーケティングでも求められます。

そして、その意味的な価値を考えるために、現地の消費者の理解とターゲティングが重要なのです。

「富裕層」というターゲットはやめよう

輸出のマーケティングにおいて、ターゲティングはとても重要です。

輸出先の国にもよりますが、日本国内以上に様々な顧客層が存在しているケースが多いので、どのように市場を分類（セグメンテーション）して、どの顧客層をターゲットにするのか、しっかりと戦略を練らなければなりません。

いくつか例をあげてみましょう。

多くの日本企業や日本の農業生産者がターゲットとしてあげるのが、「現地の富裕層」です。

輸出した商品の販売価格は農産物でも加工品でも輸入商社の手数料や国際運賃などさまざまな手数料や費用などが加わって、国内価格の2～3倍になることが少なくありません。

どうしても価格が高くなってしまいますから、いわゆるお金持ち（所得が高い層）を狙いたくなります。

しかし、「富裕層」というだけのターゲティングで、本当にいいのでしょうか？

海外では、富裕層にもいろいろな人がいる、という前提で考えなければなりません。

ひとくちに富裕層といっても、現地の王族から、欧米系企業の駐在員、中華系のビジネスマンまで、さまざまな人がいます。

日本ではあまり意識されませんが、海外では、同じ国の中に宗教や民族が異なる人々がいて、それぞれ食文化や食の嗜好がまったく異なります。

単純に「富裕層」というだけではなく、もっと具体的に顧客をイメージしなければなりませんし、イメージできるように現地を理解しなければならないのです。

東南アジアの国々では、中華系の住民は華僑などを中心に高所得であることが多く、宗教的な制約も少ないことから、日本の商品のターゲットとして狙い目だと言われます。

また、見落としがちなターゲットとして、現地の日本人（日系企業の駐在員やその家族など）もあります。

タイなどは、現地駐在の日本人が多く、現地の日本人をターゲットにした輸出の展開も十分に考えられるマーケットです。

国家間の消費者の移動も、輸出を考えるうえでは重要な要素になります。

ＥＵ域内では条約によって、国境検査なしで人々が自由に往来しており、域内全体をマーケットととらえることができます。

東南アジアでは、マレーシアやブルネイからシンガポールへ買物に行く中間層・富裕層が多数存在します。これはシンガポールのマーケットが、マレーシアからの買い物客をターゲットにできる可能性を示しています。

輸出先の国や消費者を見るうえでは、周囲国との関係も視野に入れましょう。

そもそも輸出では、本当に「富裕層」だけがターゲットになるのでしょうか？

たしかに富裕層と言われる人々には購買力がありますが、多くの国では人数が少ないですから、マーケットとしては小規模です。

宝石や毛皮のような超高額商品なら、富裕層の狙い撃ちでいいかもしれませんが、**農産物や加工品といった食品の場合は、富裕層だけをターゲットにすると頭打ちになってしまいます。**

そこで、人口が増加している国が多い東南アジアなどのマーケットでは、「富裕層」以外のターゲティングも検討する必要があります。

そこで参考になるのが、ＢＯＰ層の開拓手法です。

ＢＯＰ（Base of the Economic Pyramid）層は、年間所得３，０００ドル以下の低所得層を指す言葉で、世界人口の約７割を占めるとも言われています。

今後、発展途上国の発展にともない、ＢＯＰ層の所得向上も期待され、ＢＯＰ層は新たな有望市場とも言われています。

このＢＯＰ層に向けたビジネスの３つのポイントを紹介します。

これらの取り組みは、富裕層以外のターゲット（ＢＯＰ層はもちろん、中間層も含めて）を考えていく上でヒントになることでしょう。

ＢＯＰ層対象ビジネスの３つのポイント

①商品の改変による対応

パッケージを小容量や使い切りにして、ＢＯＰ層が購入できる価格にします。現地のニーズや購入余力に合わせてカスタイマイズするわけです。

たとえば、「味の素」のうまみ調味料や「マンダム」のヘアワックスは、1回使い切りのパッケージを日本円で1個当たり数十円で展開しています。

通常の容器では高すぎて購入できない層でも、紋日やハレの日に購入できるようにするのが狙いです。

加えて、東南アジアの国々の多くは、自宅で調理をするより、屋台や近所の食堂で外食する食事スタイルが一般的です。

そこで、日本では消費者向けの商品でも、飲食店向けの業務用商品として展開してもいいでしょう。大容量かつ簡易包装にすれば、1単位あたりのコストを下げることができるかもしれません。

②流通チャネル・販売方法の現地化

商品提供の方法、販売場所を現地の状況に合わせることです。

東南アジアでは、日常の食品を買う場所が、所得階層によって異なることが少なくありません。富裕層は、スーパーや百貨店を使い、BOP層は青空市場のような屋台の店で商品を買っている国もあります。

BOP層を狙う場合は、屋台や青空市場での販売も検討するといいでしょう。

③商品販売と一体化した消費者への啓蒙・教育活動

BOP層は、十分な教育を受けることができなかったり、情報化の水準が低い（通信のインフラがない、機器が手に入らないなど）ため、商品の特徴やメリット、効果について、積極的に啓蒙・教育を行わなければ、商品のよさを伝えられないケースがあります。

そのため、商品販売と一体化した消費者への啓蒙や教育活動が重要となります。

たとえば、「ヤクルト」は海外でも、ヤクルトレディが商品の販売を行うと同時に、対面で腸内細菌や整腸の重要性について啓蒙しています。消費者の教育を行い、商品のよさを理解してもらうことで、強力な差別化ができている例です。


以上、3つのポイントを紹介しました。容量やパッケージの工夫、販売する場所や手法の現地化、消費者への啓蒙・教育活動の実施は、BOP層だけではなく、中間層などにも有効な手法です。

現地に合わせる？　文化ごと輸出する？

輸出を含めたグローバル・マーケティングには、**標準化**と**適応化**という2つのアプローチがあります。

シンプルに説明すると、**標準化は、海外でも日本と同じマーケティング活動（商品、売り場、価格、プロモーション等）を展開することです。**

たとえば、日本で「おにぎり用のお米」として販売している米を、海外でも「おにぎり用のお米」としてマーケティングすることです。

手法は同じですから、マーケティングのコストを抑えられるのがメリットです。

それに対して、**適応化は、その国の市場に合わせて、マーケティング活動を展開することです。**

たとえば、国内では「おにぎり用のお米」として販売している米を、現地メニューに合わせて「リゾットに合うお米」として展開する方法です。

現地の市場実態に適応するためのコストはかかりますが、現地消費者のニーズに合わせた展開ができるのがメリットです。

一般的には、それぞれの国で商品のニーズが大きく異なったり規制が大きく異なる〝マルチドメスティック〟の産業では、現地市場に適応するのがマーケティングのセオリーと言われています。

農林水産物・食品も国によってニーズと規制が大きく異なるマルチドメスティック産業ですから、セオリーとしては「適応化」ということになります。

しかし、日本の農産物や加工品には、日本の食文化と切り離せないものが少なくないため、標準化して単価を下げる方が、現地の消費者に受け入れられる商品があることに注意が必要です。

やみくもに適応化したり、顧客のニーズに合わせることが、必ずしもよい結果を出すとは限らないのです。

標準化するか、適応化するかの判断は、日本のマーケットと輸出先の現地マーケットとの比較、商品特性、自社の戦略などから導く必要があります。

実際には、標準化と適応化の折衷案がとられることが多いでしょう。

①標準化

日本の農産物や加工品を現地市場に合わせることなく、そのまま展開します。おもに「安価であることに価値がある」商品や、「加工度合が高い商品」、「需要のある原体」で有効な戦略です。

注意点は、価格勝負になりがちなため、価格以外の面での差別化を徹底する必要があることです。

たとえば、リンゴなどは、海外でもそのまま食べられるものである（需要のある原体）ため、日本の農産物をそのまま輸出することで現地のマーケットに対応できます。

そのほか、粉状のうま味調味料（加工度合が高い商品）などを、そのまま輸出する場合もこれにあたります。

②日本文化とセットで合わせた展開

日本文化とセットで輸出しないと販売が難しい商品があります。「日本の伝統食品」、「和食と切り離せない商品」、「日本の食文化への支持が高い市場へ出る場合」などに実施されます。

たとえば、抹茶の輸出を考えたとき、日本の「お茶文化」と合わせて輸出する場合はこれにあたります。現地で日本風の「お茶会」を開催し、文化としての「お茶」の理解を深めることで抹茶のマーケットを拡大することを狙う場合です。

③適応化

現地市場に合わせた商品開発や販売展開をします。

現地ニーズに合わせた商品開発を行うだけではなく、同じ商品でも食べ方を現地化する、現地食文化と融合したメニューを提案する、現地の消費シーンに合わせた展開を行う、といった手法が考えられます。

たとえば、抹茶の輸出を考えたとき、現地の飲み物や食べ物に抹茶を使う提案を行い、マーケットを開拓する場合がこれにあたります。抹茶パフェ、抹茶クッキー、抹茶アイスクリームなど、現地の食文化に合わせた展開を行うことでマーケットの拡大を狙います。

自分の商品を日本の食文化として輸出するのが標準化、現地の食文化に合わせた食べ方を提案するのが適応化ですが、日本の食文化として輸出する場合は、商品のみならず、日本の食文化自体を紹介する必要があります。

一方、食べ方の現地化が必要な場合は、日本とは異なる使い方の訴求や、新たなメニュー開発と提案といった情報提供が重要です。

標準化にしろ、適応化にしろ、海外で売るにはコミュニケーションが重要な役割を果たします。

お金と商品をしっかりと流れるようにする

流通の要素には、「商流」、「物流」、「情報流」の3つの流れがあります。

「商流」は取引（商談）の流れであり、お金の流れのことを言います。

「物流」は、モノの流れであり、商品の届け方を指します。

「情報流」は情報の流れであり、取引の伝票情報から市場の情報、商品の情報まで、商品の流通に必要な情報の流れを指します。


輸出のマーケティングは、この「流通」を理解しておくことが重要です。

国内取引よりも関わるプレーヤーが多いので「商流」が複雑になるだけではなく、海を越えて商品を届ける必要があるため、「物流」も煩雑になるためです。


ＩＴの発展で「情報流」はあまり問題にならないようになってきましたが、せっかく海外のバイヤーとの商談がうまくいっても、商流と物流が構築できずに取引できなかった、という話もあります。

商談や契約では、お金と商品の流れを把握し、それが確実に流れるようにしなければなりません。

間接輸出と直接輸出

輸出の商流は、輸出商社を活用する「間接輸出」と、生産者・メーカーが自ら輸出に関する業務を行う「直接輸出」の2種類があります（図6-2）。

現地の輸入商社（インポーター）と直接やり取りを行うか、国内の輸出商社を窓口とするかの違いです。

輸出商社は、国内で生産者やメーカーから調達し、複数商品を取扱い、まとめてインポーターとの商談や物流の手配などを行う事業者です。

輸入商社（インポーター）は、現地で輸入商品の調達を行う企業であり、輸出商社から仕入れを行う場合もあれば、産地やメーカーを訪問して直取引を行う場合もあります。

なお、企業によっては、輸出商社と輸入商社の機能を両方やっていることもあります。

図 6-2 間接輸出と直接輸出

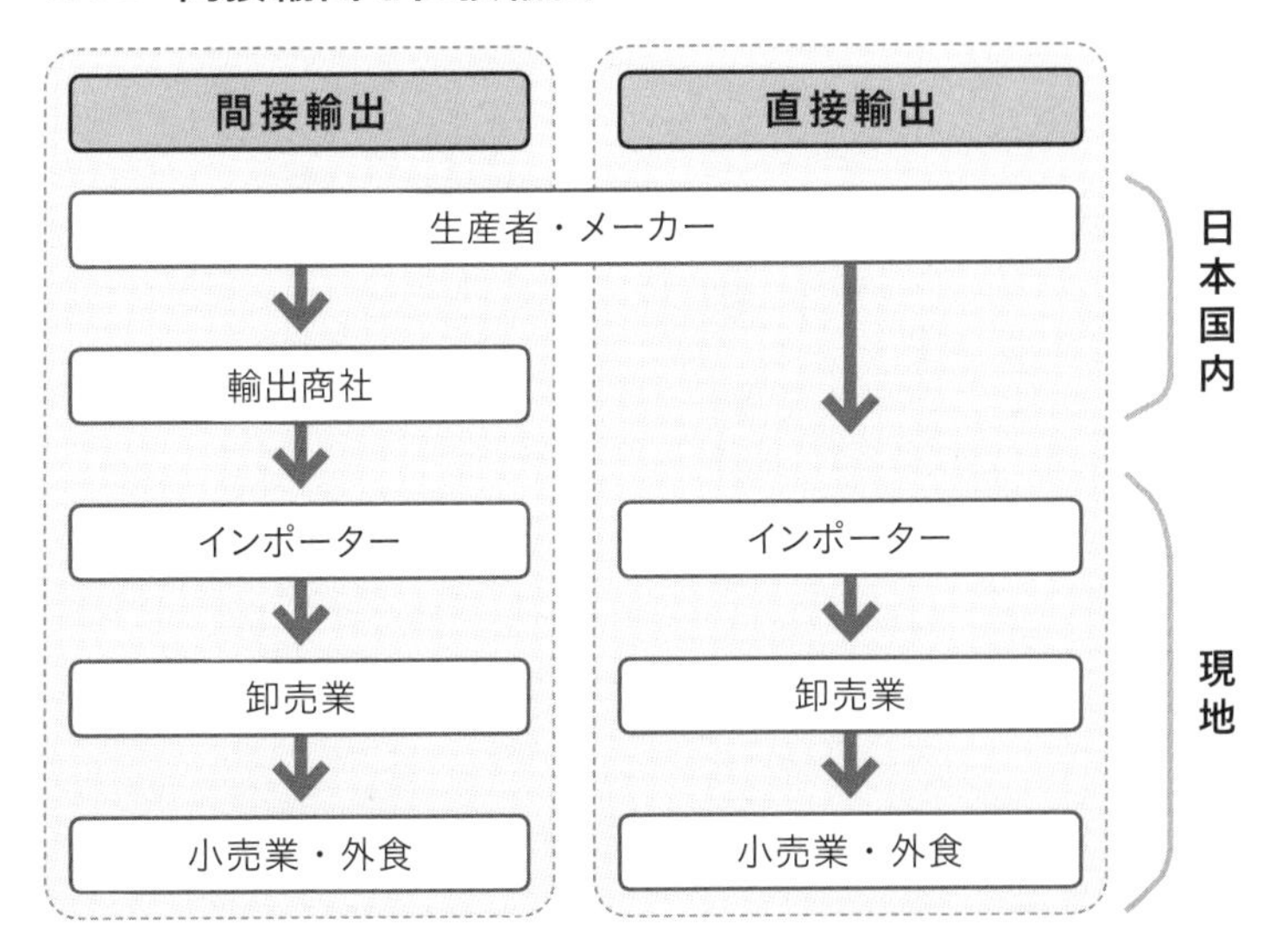

図 6-3 間接輸出と直接輸出のメリット・デメリット

	間接輸出	直接輸出
メリット	●現地の言語もしくは英語での交渉を行う必要がない ●代金回収のリスクが低い ●日本（円）で決済できる	●手数料が最小限で済む ●付き合うインポーターを自社で選定できる ●自社に輸出ノウハウを蓄積可能
デメリット	●手数料の高騰 ●輸出商社の取引先が、自社の希望と一致しない可能性 ●さまざまな商品を取り扱っているため、営業等のフォローが不足するケースも	●決済と為替の問題 ●代金回収リスクの発生 ●言語対応の必要性 ●専任スタッフのコスト発生 ●専門ノウハウが必要

「間接輸出」と「直接輸出」には、それぞれにメリット・デメリットがあります（図6-3）。

初めて輸出に取り組む場合や、輸出のノウハウがない場合は、間接輸出の方が、取り組みやすく、為替リスクや代金の回収リスクを考えるとおススメです。

一方、輸出を事業の中心に据えていく場合や、輸出に専従できるスタッフが確保できる場合、あるいは輸出のノウハウがある場合は、直接輸出によるメリットは大きいと言えます。

どのように商流を構築するのか、自分にとっての「輸出」の位置づけや、自社の経営資源（ヒト・モノ・カネ）から、考えていくことが大切です。

売る場所（流通チャネル）構築の重要性

海外においては、商品の売り場（流通チャネル）の構築が国内以上に重要です。

売り場がなくて現地の人が「買えなければ」、売れるわけはありません。

海外、とくに東南アジア等の国では、近代的な流通（モダントレード）と伝統的な流通（トラディショナルトレード）が混在していることが多く、自分の商品のターゲットに合わせて検討する必要があります。

モダントレードは、スーパー等の近代的な流通で、東南アジア各国でも都市部では発展していることが多いです。日本のスーパーやヨーロッパのスーパーが進出していることも少なくありません。

トラディショナルトレードは、青空マーケットなどの市場や屋台、行商などの伝統的な流通です。国によっては、メインの流通がこれであるところもあります。業務用でも、青空市場のような伝統的な卸売市場がメインの国も存在します。

自分たちのターゲットが、トラディショナルトレードをメインとしている場合、どのようにそこにアプローチし、売り場（販売してくれる人）を確保するのか、しっかりと作戦を練る必要があります。

基本的には、信頼できる現地の人的ネットワーク（人脈）を構築し、屋台や行商へ卸売を行う事業者とつながることが、トラディショナルトレードへの対応として重要となります。

輸出の初心者であれば、モダントレードの中でも日本とつながりのある企業や、日系企業の店舗での販売からスタートすることを考えましょう。

商談から代金決済まで日本の輸出商社を通じて、日本と同じように取引できる企業もあります。

海外での商品価値の伝え方

輸出においては、バイヤーから消費者まで、輸出先の国の人々に対して、自分の商品の価値を伝えていく必要があります。

ここでは、海外で商品価値を伝えていく際のポイントについて、いくつか説明します。

直訳を避けましょう

現地向けのＷＥＢサイトやパンフレット、商品紹介のチラシを作成する場合、そのまま直訳するのでは不十分です。文化の違い、国ごとの違いに注意しましょう。

たとえば、電話番号は日本では「０３-ＸＸＸＸ-ＸＸＸＸ（東京の場合）」と記載しますが、海外からかける場合は日本の国番号が必要ですので「＋８１-３-ＸＸＸＸ-ＸＸＸＸ」という記載になります。

アクセスマップも、海外向けは成田空港や羽田空港からのアクセスや所要時間を記載した方が親切です。

現地語に翻訳する場合は、日本よりも短く簡潔な文章にします。とくに比喩表現やユーモアは理解されにくいため、避けた方が無難です。できるだけシンプルな表現にした方が内容を理解してもらいやすくなります。

当然ながら、輸出する国の文化や言語に合わせて、パンフレットやWEBサイト、パッケージの表現は、ローカライズするのが理想です。

同じ英語でも、アメリカ英語とイギリス英語は微妙に違っていたりします（アメリカの方がカジュアル）し、ローマ字の文化圏は、右揃えの文章に慣れていません。

デザインを考える場合は、こうした言語への対応に加え、宗教や文化に合わせた配色、写真の選定が求められます。

日本では当然のことが、当然ではありません

アメリカのすべての州を覚えている日本人が多くないように、海外の人々で日本の都道府県を詳細に知っている人は多くありません。日本では、広く知られている地名や特産品でも、

現地の人々は知らないことが多いのです。

そこで、現地に向けた情報発信を行う場合は、企業の情報や理念、価値観、ブランドのストーリーや意味合いを日本以上にていねいに伝えていく必要があります。

とりわけ、価値観に紐づいてくる企業理念やブランドの意味合いについては、日本人の考え方と現地の考え方に差があることが多いため、現地の価値観に合わせた意訳が求められます。

例

日本での表現

「○○で有名なこの□□の地で、300年前から事業を行い…」

⬅（※海外の人々は、□□の地域が○○で有名だとわからないかもしれません）

海外での表現

「300年前からサステナブル（持続可能）な○○の生産に取り組み…」

右の例は300年間、継続してきていることを、現地の価値観に合わせて持続可能性（サステナブル）の観点から訴求しています。

輸出先の国の文化に合わせて訴求すべき要素を変えたほうが伝わりやすいケースは少なくありません。

商品の機能的価値は同じでも、輸出先によって、意味的な価値が異なるということです。

情報伝達のために、図や写真、動画などを活用しましょう

「百聞は一見にしかず」という言葉があるように、文章で説明するよりも、図や写真、動画で見てもらう方が、内容はよく伝わります。

言葉の壁などで微妙なニュアンスを伝えにくいからこそ、伝えたい情報を図や写真、最近では動画で見せることが有効です。

たとえば地域の雰囲気や、栽培している圃場、収穫時の様子などは、文章で説明するよりも写真や動画で見てもらうことができれば、理解してもらいやすくなります。

動画をアップロードするYoutube、写真をアップするインスタグラムなど、世界中で使われているＳＮＳは、最大限に活用しましょう。

第7章

インターネット販売（EC）のマーケティング

商品のよさを伝えられるEC販売（インターネット）

スマートフォンの普及や、通信インフラの充実化・高速化、感染症対策などを背景に、インターネットによる食品の販売額が拡大しています。

これからの農業のマーケティングを考えていく上で、Place（流通）として、インターネット販売のチャネルを考えることは必須です。

ここでは、インターネット販売のマーケティングについて考えてみましょう。

なお、インターネットによる商品の売買は、しばしばＥＣと略されます。これは、エレクトリックコマース（Electronic commerce）」の頭文字をとったもので、日本では「電子商取引」と訳されます。

本章でも、インターネット販売をＥＣと略して記載していきます。

ECの種類

ECは大きく3つにわけることができます。

B to B EC(Business to Business)

事業者と事業者の売買をECで行うものです。企業間取引とも言われます。

農業で言えば、農業生産者がECで飲食店やスーパーに販売するのがB to B ECで、USENが運営する「REACH STOCK」や、プラネットテーブルが運営する「SEND」(両方とも、農業生産者と飲食店をつなぐECサイト)などがあげられます。

B to C EC(Business to Consumer)

消費者向けにECで販売を行うものを指します。

農業で言えば、「楽天」で自分の作った農産物を販売したり、「ポケットマルシェ」や「食べチョク」のような産地直売型サイト(どちらも農業生産者と消費者をつなぐECサイト)に出品して、消費者に直接販売することです。

C to C EC（Consumer to Consumer）

消費者から消費者へECで販売するサイトを指し、「メルカリ」などのフリマサイトや、個人が出品し、個人が落札するオークションサイトなどがこれにあたります。

農業を事業として行うプロ生産者の場合は、基本的にはB to Bか、B to CのECを利用します。

ECならではのメリット

ECには、リアル店舗にはないメリットがあります。

最大のメリットの一つは売り場の広さに制約がないことです。

もちろん、WEBページの容量の問題はありますが、リアル店舗の棚のような物理的な制約はありませんから、商品をいくつでも陳列することができます。

生産者が自分で商品を登録して販売することができる産地直売型のECサイト（以下、産直ECと記載）は、いくつでも商品を掲載できるものがほとんどです。

個人あるいは自社で販売サイトを開設する場合も、商品の探しやすささえ確保できれば、掲載する商品の数に制限はありません。

もうひとつの最大のメリットは、商圏に制限がないことです。

実店舗は消費者に足を運んでもらうのが前提ですから、必ず商圏といわれる「集客できる距離的範囲」があります。

大型店舗であれば、店舗から数十キロメートルの範囲が商圏になりますが、それでも特定のエリアに限定されます。

しかし、ECの場合は、インターネット上に仮の店舗を置くようなものですから、日本全国を対象に販売できますし、極端な話、言語の壁をクリアすれば、全世界を商圏にすることだってできます。

どこで農業をやっていたとしても、そこに居ながら、日本全国の消費者に向けた販売ができるのが、ECの最大のメリットのひとつなのです。

さらに販売する商品について提供できる情報量が多いこともメリットです。

いくつかの実験によれば、スーパー等で消費者が売り場を見ている時間は、平均で1ヶ所あたり2〜3秒だそうです。消費者はわずか2〜3秒で得た情報で、商品を買うかどうか判断しているのです。

そのため、売り場の販促物（ＰＯＰなど）は、パッと見てわかる内容、簡潔なメッセージがよいとされます。

詳細な説明を見てもらいたくても、商品パンフレットを売り場に置いてもらうのは難しいでしょうし、パンフレットの印刷や配布にもコストがかかります。説明を記載するスペースは、パッケージの一部ということになります。


しかし、ＥＣならそれが簡単にできます。

商品紹介のページを作り、写真や図、動画なども埋め込んだ形で商品を紹介すれば、リアルに魅力的にＰＲすることができます。

説明する文字数にも制約はありませんし、一度作成すればいいので、どれだけ多くの人が見ても印刷物のようにコストが増えることはありません。

むしろ、作成にかかる１ユーザーあたりのコストは、多くの人に見てもらうほど下がっていきます。

ストーリーなどの情報を付加して価値を高めたい農産物や、詳細な説明をつけたい農産物は、ＥＣに向いていると言えます。

産直ＥＣはインターネットで注文を受けて、商品を発送するスタイルですから、出品・受注の段階で在庫がなくても販売できるのもメリットです。

リアル店舗では、必ず商品を店舗に置かなければなりません。在庫の振り分けはＥＣの方が柔軟にできるということです。

ちなみに、産地から直送することができるＥＣの場合、鮮度の高い農産物を販売できるメリットもありますが、これは産地から消費者の家までの送料が発生するというデメリットと合わせて考える必要があります。

このようにＥＣは、付加価値の高い商品やこだわった農産物など、「しっかりと説明をした方が購入してもらいやすい商品」や、狭い商圏では顧客が見つけにくい「ニッチな農産物」、「送料をかけてでも鮮度の良いものが評価される農産物」などの特徴を持った商品に向いている販売チャネルであると言えます。

さらに、商品の説明等の情報提供の余地が大きいこと、広く日本や世界を対象に販売できることから、「自分でつくったブランド」、あるいは「自分の名前（生産者名や法人名）」の知名度、認知度をあげていく場合にもＥＣは効果的です。

図 7-1 店舗と EC の比較

	EC	店舗
売り場の広さ	制限なし ※サーバー容量次第	制限あり ※店舗の広さ・棚の大きさに依存
売り場の情報量	多い 詳細な説明の記載が可能	POP等で表現できる量に限定
現物確認	できない	できる
試食対応	基本的にできない ※サンプル送付は可能	売り場で可能
消費者とのコミュニケーション	SNS等オンラインが前提	対面で可能
鮮度	産直の場合は高い	調達ルートによる ※市場経由は産直に劣る
在庫の扱い	店頭在庫は不要	店頭在庫が必要
店の認知	得られにくい ※EC販売者が多すぎて埋もれる	得られやすい ※町にあれば、気づいてもらえる
商圏	広い（制限なし）	狭い（制限あり）
輸送コスト	高い （消費者向け送料が必要）	安い （消費者のセルフサービス）

店舗とＥＣの比較

ここまでの説明をもとに、実店舗とＥＣの販売を整理してみましょう（表7-1）。取り組み方によって、ＥＣや店舗のそれぞれの特徴はメリットにもデメリットにもなります。自分のマーケティング戦略、他のマーケティング要素（製品、価格。宣伝等）との整合性を考えて、ＥＣチャネルを検討しましょう。

インターネット販売は簡単に始められる

インターネットを使った農産物の販売は、簡単に始められるようになりました。農産物のＥＣをスタートする方法はいくつかありますが、最も簡単なのは産直ＥＣを活用することです。

産直ＥＣのメリット

産直ＥＣとは、生産者として会員登録をすれば、自分の農産物を自分で価格を決めて出品し、注文を受けたら宅配便で出荷、代金もそのサイト経由で受け取れるサービスです。代表的な産直ＥＣサイトとしては、Ｂ to Ｃでは「食べチョク」や「ポケットマルシェ」が、Ｂ to Ｂでは「REACH STOCK」や「ＳＥＮＤ」があります。

産直ＥＣは、とくにＢ to Ｃの場合、月額利用料などの固定費用がかからず、手数料15

〜20％程度で販売できるところがほとんどです。

出品して、売れてから手数料を15〜20％支払うだけですので、**直売所への出荷と変わらない感覚でスタートできます。**小規模経営の場合は直売所と合わせてメインの販売チャネルの一つして活用できるでしょう。

また、農業生産の規模が一定規模以上になった場合でも、**果樹や肉など高い単価で販売できる場合は、主力の販売チャネルとなり得ます。**

産直ＥＣの多くは、会員登録から商品の出品、決済までＷＥＢサイト上の簡単な操作で完結させることができます。最近はスマートフォンですべて操作できるサイトも少なくありません。

ＷＥＢサイトをつくる技術や、ＩＴに関する特別な知識がなくてもＥＣをスタートできることも大きなメリットです。

産直ＥＣのデメリット

農産物のＥＣ全体に言えることですが、**宅配便等の送料がかかるために、一定の価格以上の商品でないと販売が難しい**ことがあります。

たとえば、３００円の白菜を買いたい消費者が、５００円の送料を払うのは難しいでしょう。かといって、３０００円分の白菜を1回の注文で購入する消費者があまりいるとは思えません。

つまり、野菜（とくに重量野菜や根菜類）は、「季節のお野菜ボックス」のような多品目のアソート（組み合わせ商品）を作れないと単価を上げることが難しく、ＥＣで販売することが難しい可能性があります。

また、産直ＥＣは、販売規模が大きくなるほど小口出荷の件数が増加しますから、梱包と出荷の作業が重くのしかかってきます。

出荷にかかる工数（作業量）が販売で得られる利益を圧迫することから、産直ＥＣは大規模生産との相性はあまりよくありません。

産直ＥＣは少量多品種生産、小規模生産、家族経営といったキーワードに当てはまる生産者と相性がよいサービスであるといえます。

もし、生産の規模が一定以上になる場合は、専属スタッフをつけて対応するか、物流センターなどにまとめて出荷できる取引先に移行するケースが多くなります。

くわえて、ＥＣの売上比率と規模が大きい場合、楽天への出店や自社のＷＥＢサイトでの販売の方が利益をあげることができるため、ＥＣで大きな売り上げを作っていきたい場

図7-2 規模別の産直ECの活用例

生産者の規模	産直ECとの付き合い方
小規模 ● 個人経営 ● 家族経営	✔直売所出荷や近隣スーパーの産直コーナー出品と合わせて産直ＥＣを活用。 ✔複数の産直ＥＣの掛け持ちを検討。 ✔できるだけ多くの販路を確保（リスク分散のため）。
中規模 ● 従業員数名	✔卸売市場、小売業等との契約取引と合わせて、多彩な販路の 一 つして活用する。 ✔EC専属スタッフを配置し、複数の産直ECや直売所での展開を実施。 ✔特定の品目に限定した出荷の実施 （単価の大きいもの＝出荷工数が回収できる品目に限定して実施）。
大規模 ● 従業員10名以上	✔メインの取引は、1回あたりの取引量が多いスーパーや加工業者との相対取引、もしくは卸売市場への出荷となる。 ✔ブランディングや消費者とのコミュニケーション目的に産直ECを活用。

合は、産直ＥＣだけではないＥＣの方法も検討する必要があります。

ＥＣへの取り組み手法

ＥＣに取り組む方法としては、産直ＥＣ以外にもいくつかの方法があります。

ひとつは「楽天」や「Yahoo」などのショッピングモール型のＥＣに登録し、**モールの中に出店する方法です。**

ある程度のＷＥＢサイトを作る知識やツールは必要にはなりますが、参考書などを片手に少し勉強すれば、比較的簡単にECを始めることができます。

多くのモール型のECサイトの場合、月額の利用料が数万円かかり、売上高の数%の販売手数料が発生します。そのかわり、モール自体が集客力を持っているため、モール内に出店することで最初から一定の来客が見込めます。

もうひとつは、**自前のＷＥＢサイトを構築して直接販売を行う、自社サイト型のＥＣです。**余計な手数料を支払う必要がないかわりに、膨大なサイトがあるインターネットの世界で、自分のサイトを消費者に発見してもらうための努力、つまりは集客が必要となりま

図 7-3 参考）農業経営規模と各種 EC の組み合わせイメージ

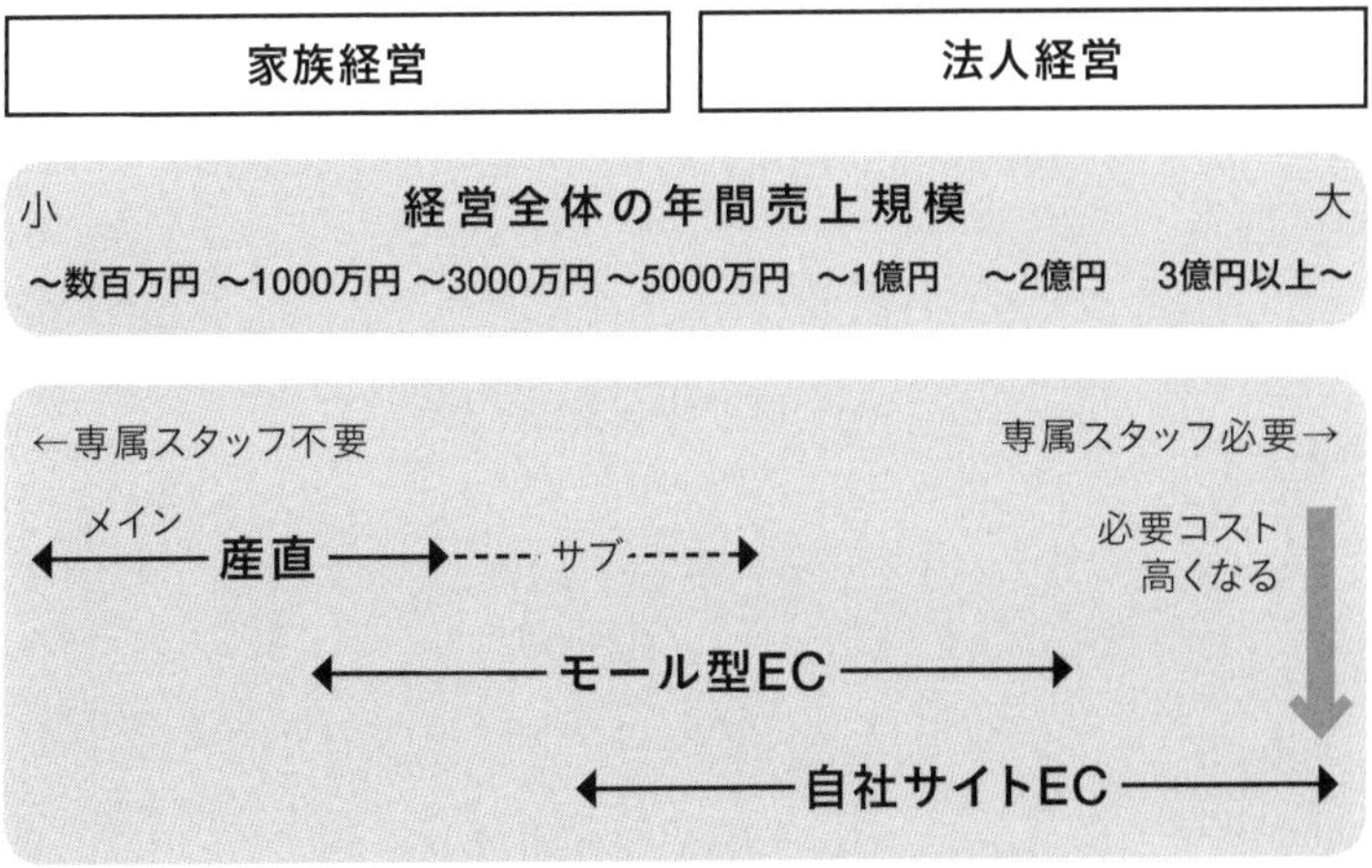

家族経営　法人経営

小　経営全体の年間売上規模　大

～数百万円 ～1000万円 ～3000万円 ～5000万円 ～1億円 ～2億円 3億円以上～

←専属スタッフ不要　専属スタッフ必要→

メイン　産直　サブ

必要コスト高くなる

モール型EC

自社サイトEC

す。

WEBサイトの構築、決済サービスとの契約などを自ら行う必要がありますが、産直ECや、モール型ECと違って、すべてを自由にカスタマイズ可能です。

最近では、専門知識がなくても簡単に自社ECサイトを構築できるクラウドサービスも増えてきました。

カード決済の手数料やWEBサイトの維持に必要なサーバー費用などは発生しますが、余計な手数料は一切かかりませんので、ECをメインの販売チャネルとして農業をしていく場合は、利益を最大化するために自社サイトでのECも視野に入れるといいでしょう。

ECをまず始めてみようと考えている生産者、小規模で付加価値の高い農業を行っている生産者は、産直ECからスタートするといいでしょう。低いコストとリスクで、EC販売をスタートすることができます。

産直ECでは、サイト上で消費者とのコミュニケーションを推進しているところが多く、消費者の声が聞けたり、リピーターとなってくれる消費者を見つけるのにも効果的です。

生産規模が大きい生産者や、ECでの売上比率が高い生産者は、ショッピングモール型のECへの出店や自社のECサイトの構築を検討してみましょう。ある程度、ECへの対応にスタッフの労力などを割く必要がありますが、しっかりとECサイトを育てることで、自社でコントロールできる販売チャネルを持つことになります。

これは、農業経営にとって大きな武器となります。

顧客とのコミュニケーションが鍵を握る

ＥＣでは顧客と直接顔を突き合わせたコミュニケーションをとることができません。

だからこそ、オンライン上でのコミュニケーションが重要となります。

ＷＥＢページに農産物の詳細な説明をアップするのも顧客コミュニケーションの一つですが、さらに一歩進んで双方向のコミュニケーションを図れば、顧客との関係性が向上し、リピーターを増やすのに効果的です。

コミュニケーションの重要性

ＥＣでは、顧客が商品の現物を確認して購入することができません。写真や紹介文で情報は得られても、実際の品質は商品が届くまでわからないのです。

そこで大事なのが、農産物を出品する生産者の信頼性です。

信頼関係を築くのは、双方向のコミュニケーションです。

メッセージのやりとりを通して「信頼」が醸成されれば、顧客は現物を見なくても安心して商品を購入できるようになります。

また、消費者の購買経験は信頼の礎となっていきますので、常に信頼に足る商品を届けることが前提です。

産直ＥＣサイトである「ポケットマルシェ」には、農産物を出品する生産者と消費者（ユーザー）がオンライン上で直接やりとりできる、「メッセージ機能」があります。

ユーザーは届いた農産物の写真や、それを使った料理の写真などを生産者に送って「おいしかったです」「次も買います」などと感想を伝えたり、生産者がそれに対して感謝のコメントを返すなど、活発なやりとりが行われており、他のユーザーもこうしたやりとりを見ることができます。

こうして消費者と生産者が双方向のコミュニケーションをとることで、消費者は安心して商品を買うことができますし、生産者も消費者の生の声を聞くことができます。

ポケットマルシェのコメントの仕組みは、ＥＣならではのコミュニケーションと言えるでしょう。

SNSの活用

顧客と双方向でコミュニケーションする手段としては、SNSの活用があげられます。フェイスブック、ツイッター、インスタグラムなどのSNSは、自社の商品情報を提供しつつ、消費者とコメントなどで直接やりとりを行うことができるツールです。

SNSの活用は、顧客とのコミュニケーションだけではなく、顧客間のコミュニケーションにもつながります。

SNSを効果的に運用するには、こまめな内容（記事）の更新が大事です。

商品となる農産物の収穫前であっても、定植の様子や生育のプロセス、日々の管理作業など、伝えられる内容はいくらでもあります。場合によっては、プライベートな出来事や時事ネタなどの投稿もいいでしょう。

発信する記事は、極力、写真と文章をセットにした方がアクセス数が増えます。インスタグラムは、写真がメインのSNSですので、写真の撮り方にもこだわりましょう。写真は生産者のポリシーや個性を表現するツールにもなり、「映える」写真にファンがついたりもします。

また、写真には「人」が一緒に写っているとより効果的です。農業法人や農場のオフィシャルSNSでも、その背後に「人」が透けて見えて体温が感じられることが大切です。事務的にお知らせだけを投稿しているような内容では、共感は得られません。

投稿している人のキャラクターが見えるような投稿がファンづくりには効果的です。SNSは、コメントのような形で消費者と双方向のコミュニケーションがとれるのが大きなメリットですが、ユーザー数を増やすには時間がかかります。

まずは継続していくこと。そのためには無理をしない対応を心がけましょう。

消費者からの問い合わせには、無理に長文で返信したり、気を回しすぎた言い回しをする必要はありません。顧客への感謝を忘れずに、自分の言葉で伝えればいいのです。ただし、アップする文章に差別的表現や食品を扱う事業者として不適切な言葉がないかどうかのチェックは必ずする必要があります。

多くのSNSでは、事業者として登録しているユーザーに対し、広告配信機能を提供しています。月額○○円と予算を設定すれば、それに合わせた回数の広告が配信されるしくみです。

このSNSの広告は、広告に反応してクリックしたユーザーの属性（性別、年齢、職業、興味関心のあること）を学習し、広告を配信するユーザーの選定に利用しますので、広告開始から時間がたつほど、より効果的に顧客にアプローチできます。
可能であれば、広告は2～3ヶ月は継続して出すことが望ましいでしょう。

千葉市の地域ブランド「千」のインスタグラム。ブランド認定された商品を見栄えのするように撮影し、投稿している

大田市場の仲卸・大治のfacebookページ「千菜一週市場」。写真だけではなく、youtube動画を使って商品を紹介する

アナログなコミュニケーションの活用

ここまでＳＮＳを中心に顧客とのコミュニケーションを考えてきましたが、ＥＣであっても、アナログなコミュニケーションを効果的に使いましょう。

たとえば、届ける農産物に手書きの手紙を添えることはＥＣであっても可能です。

多くのコミュニケーションがデジタル化されていくなか、「手書き」の文字は、逆に新鮮に見えたり、気持ちが伝わったりするものです。

アナログなコミュニケーションは、より人が見える（人格やキャラクターが伝わる）コミュニケーションであり、デジタルよりも、人の心を動かすことができます。上手に活用していきましょう。

インターネット販売ならではのよさを出す

ＥＣでのマーケティングを考えていく上で重要なことは、ＥＣならではのよさを顧客視点、生産者視点の両方で考えていくことです。

リアル店舗の代替としてでなく、ＥＣだからこそできることを意識しましょう。

たとえば、距離に関係なく全国に自分の商品のファンをつくること。

ＥＣだからこそ、九州の生産者が北海道の消費者とＷＥＢでコミュニケーションをとって、販売し、宅配便でお届けできるのです。

エリアに関係なく価値観の合う消費者と関係性を構築できるメリットは、最大限に活用すべきです。

顧客との関係性の構築という意味では、クラウドファンディングの活用も視野にいれること

事例：カネシゲ農園（長野県）のクラウドファンディング

ができます。

　クラウドファンディングは、群衆（crowd）と資金調達（funding）を組み合わせた造語で、商品開発や社会貢献活動などの「実現したいプロジェクト」について、不特定多数の人々から出資を募ることができるインターネット上のクラウドサービスです。

　クラウドファンディングは、ストーリー性のある商品の開発や、自分たちの取り組みに対して消費者の理解を得て、資金を出してもらうものです。

　純粋な応援としての資金提供もありますが、リターンとして返礼品を送るのが一般的であり、ECで予約販売するような形で販売に利用できます。

その場合でも、通常のECよりも取り組みの意義や商品開発のストーリーを訴えかけることができますし、共感をもとにした消費者との関係性構築につながります。

新商品のテスト販売や、自分達や商品へのファンづくり、新しい取り組みの立ち上げ資金獲得などにクラウドファンディングは有効です。ECではありませんが、WEBを使ったマーケティングの1つの選択肢として覚えておきましょう。

右ページの画像は、長野県のカネシゲ農園のクラウドファンディングの事例です。

規格外のリンゴを無駄にしないため、ジュースやシードルに加工し、それを返礼品として提供する形でのクラウドファンディングを行い、目標金額を超える資金を集めました。「規格外のリンゴの活用」というコンセプトで、消費者の共感を得ることができた一例です。

その他、産地直送による鮮度訴求型の販売や、事前にWEBで注文を受けておき、収穫後に販売する受注販売なども、ECの強みが活かせる販売法です。

また、リアル店舗とは違って、複数の産直ECやモール型ECに出品しても受注場所、出荷場所は同じですから、掛け持ちで出品して販売チャンネルを広げられるのも、生産者にとっては大きなメリットです。

ＥＣは、決して難しい取り組みではありません。産直ＥＣなどは、直売所に出品する感覚で取り組むことができるものです。

自分の商品の特徴とマーケティング戦略に合わせて、販売チャネルの一つとしてうまく活用してきましょう。

第8章

直売所のマーケティング

直売所のよさ

農水省の調査によると、全国にある農産物直売所は平成22年の段階で、1万6816ヵ所、年間総売上高は8767億円です。同時期の全国のセブンイレブンの店舗数が1万5000弱だったことを考えると、農産物直売所は生産者にとっても、消費者にとっても、非常に身近な存在だと言えます。

農産物直売所は、しっかりとした仕組みと売り場をつくれば、商品を出荷する生産者にとっても、それを購入する消費者にとっても、メリットがあるものになります。

生産者にとってのメリット

多くの直売所では、価格を決めるのは農産物を作って持ち込む生産者です。価格は基本的に生産者価格・卸値ではなく、末端価格（小売価格）をベースにできますから、販売の手数料を払っても卸売市場などに出荷するより利益をとることができます。

さらに、インパクトのあるＰＯＰをつけたり、パッケージを変えたりセット売りしたりと、生産者の工夫と努力で販売量を増やすことも可能です。

店舗への納品時などに、自分の農産物を購入してくれる消費者を話をして、商品の感想や要望をヒアリングできるメリットもあります。

消費者に直販する直売所は、卸売市場の価格下落時のリスクヘッジとして考えることができます。

消費者にとってのメリット

消費者にとって直売所のメリットは、生産者が収穫して持ち込む鮮度が高い地元の農産物、普通のスーパー等では売られていない珍しい野菜、お手ごろ価格の規格外農産物などを買えることです。

とくに「鮮度」は多くの消費者が重要視するポイントです。次ページのグラフは、東京都が実施した食品に関する意識調査の結果ですが、生鮮食品を購入するときに消費者が最も重視するポイントは「鮮度」であり、それが「価格」を上回ることがわかります。

図 8-1　生鮮食品を購入するときの重視ポイント（3つまで）

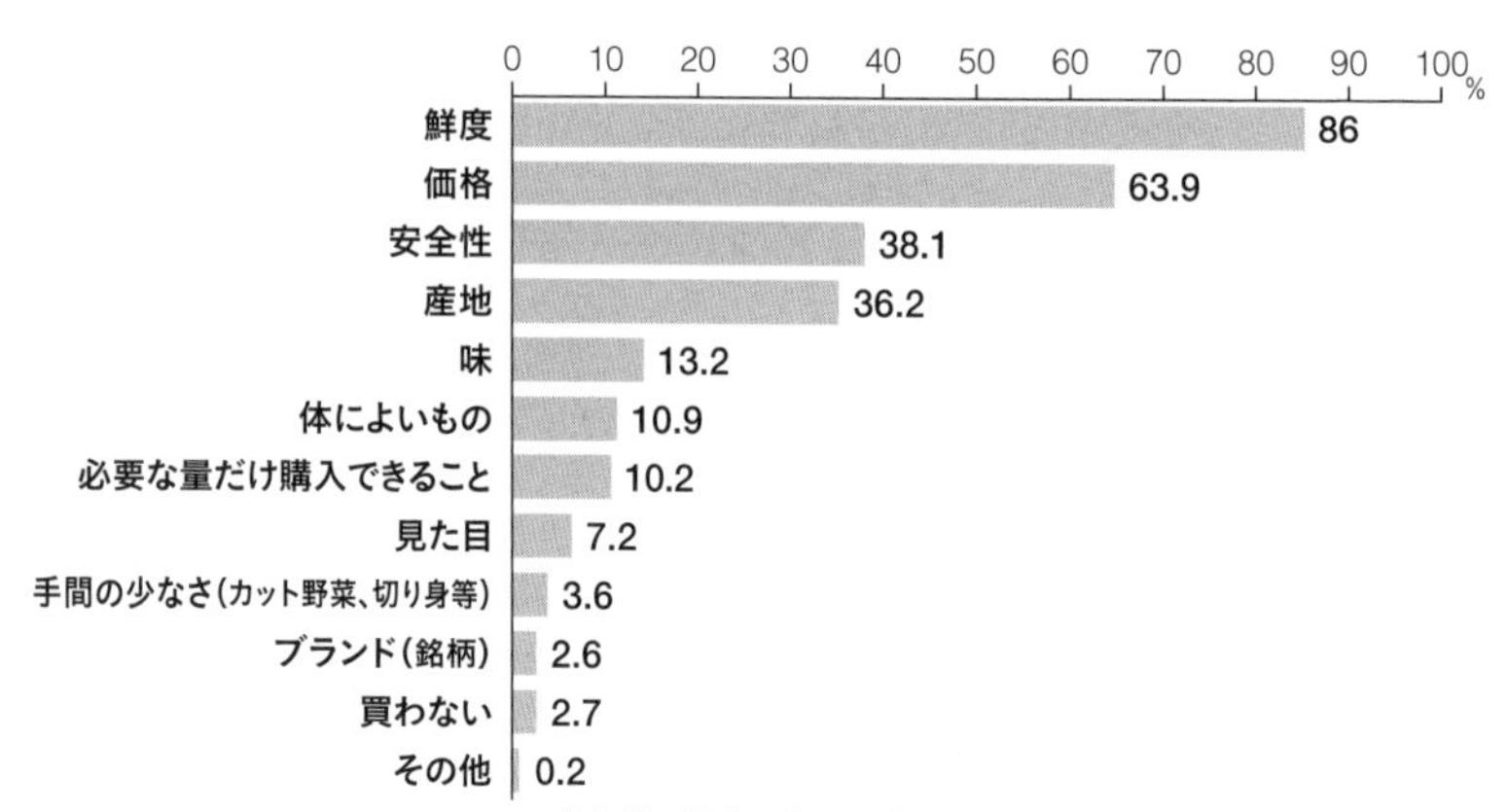

東京都　平成27年10月実施　食品に関する世論調査（N=1,653）

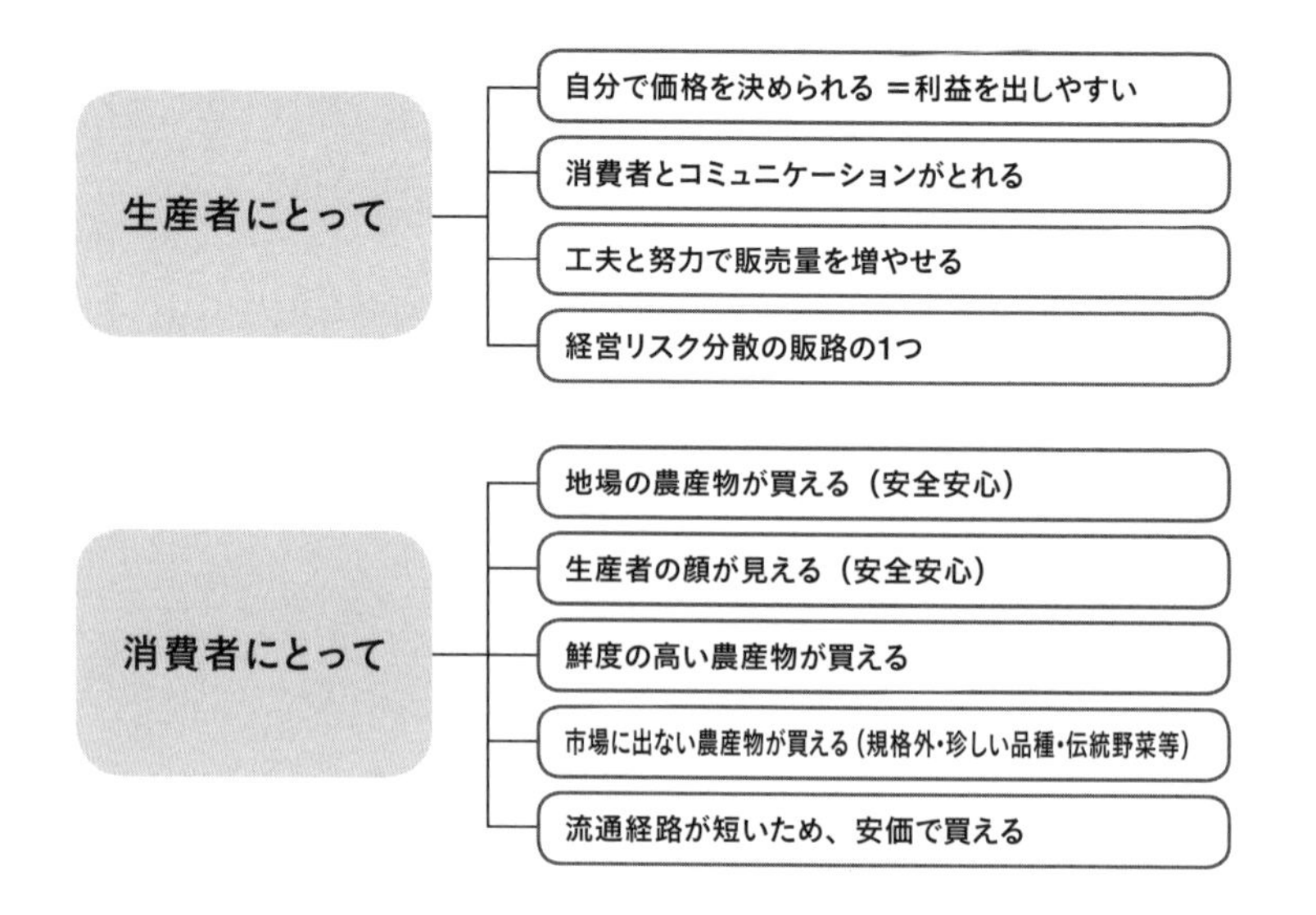

客単価をあげて直売所の売上を伸ばそう

多くの直売所では、生産者が商品を持ち込み、自ら陳列し、売場をつくる形式になっています。この直売所での「売り場づくり」が、実は商品の売上を大きく左右する重要なポイントになります。

消費者が食品の買物をするとき、何を買うかを決めるのは「経験」と「手近な情報」にもとづくことがほとんどなのです。

車や家など高額な商品は、雑誌やカタログなど事前に情報を収集し、慎重に商品を選びますが、食品などの最寄り品を選ぶ場合は、売場に行ってから「何を買うのか」を考えます。わざわざ事前に情報収集することはありません。

そのため、売り場で商品を選んでもらうためには、商品の露出や情報提供がとても重要になるのです。

直売所にとっても、農産物それぞれの売り場づくりは、店舗の売上増加のために重要な要素です。

直売所全体の売上を伸ばそうと思ったとき、まず、目指したいのは「買ってもらう商品数の増加」、すなわち「客単価の増加」です。

少子高齢化で人口の増加が見込めない現在、店舗に来る客数を増やすことは簡単ではありません。

しかし、いつも来てくれる消費者に1品でも多く買ってもらうことができれば、客数が増えなくても、店舗売上を伸ばすことができるのです。

消費者の購買行動には、もともと買うことを予定していた商品を買う「計画購買」と、売り場で商品を見て購入を決定する「非計画購買」

図8-2 **売上を伸ばすには客単価を増やす**

	平均 商品単価	×	平均 買い上げ 個数	×	来店人数	×	営業日数			年商
(A案)	195円	×	8個	×	2,290人	×	28日	×	(12ヵ月)	12億円
(B案)	195円	×	10個	×	1,832人	×	28日	×	(12ヵ月)	12億円

2個の買上増は450人／日の来店客増に等しい

（いわゆる衝動買い）があります。

つまり、消費者に訴えかける「売り場づくり」は、「1個でも多くの非計画購買」を促進して売上をアップするカギとなるのです。

一般的な食品スーパーでの非計画購買の割合は購買商品の約80％ですが、直売所は、足を運ぶまでその日どんな野菜や果物が並んでいるかわかりませんから、食品スーパー以上に非計画購買の割合が大きい可能性があります。

つまり、売り場づくりの工夫が、それぞれの商品と店舗の売上増加に大きく貢献すると言えます。

直売所の売り場づくり　7つのポイント

ここでは、売り場づくりの7つのポイントを紹介します。

売り場づくりのポイント①

見える陳列

売り場づくりで、まず基本となるのは、「見える」ように陳列することです。

直売所を含む小売では、消費者に商品を「見せ」て、「魅せ」ることで販売しているのです。古い商店主などは、「店」＝「見せ」という人もいます。

店頭に商品を置いていても、それが来店客の目にとまらなければ、つまり、見えなければ手に取られることもなく、売れることもありません。

そこで、来店するお客様の視点で、商品がよく見えるように、見てもらえるように陳列することが重要です。

図 8-3 **商品を目立たせる陳列を！**

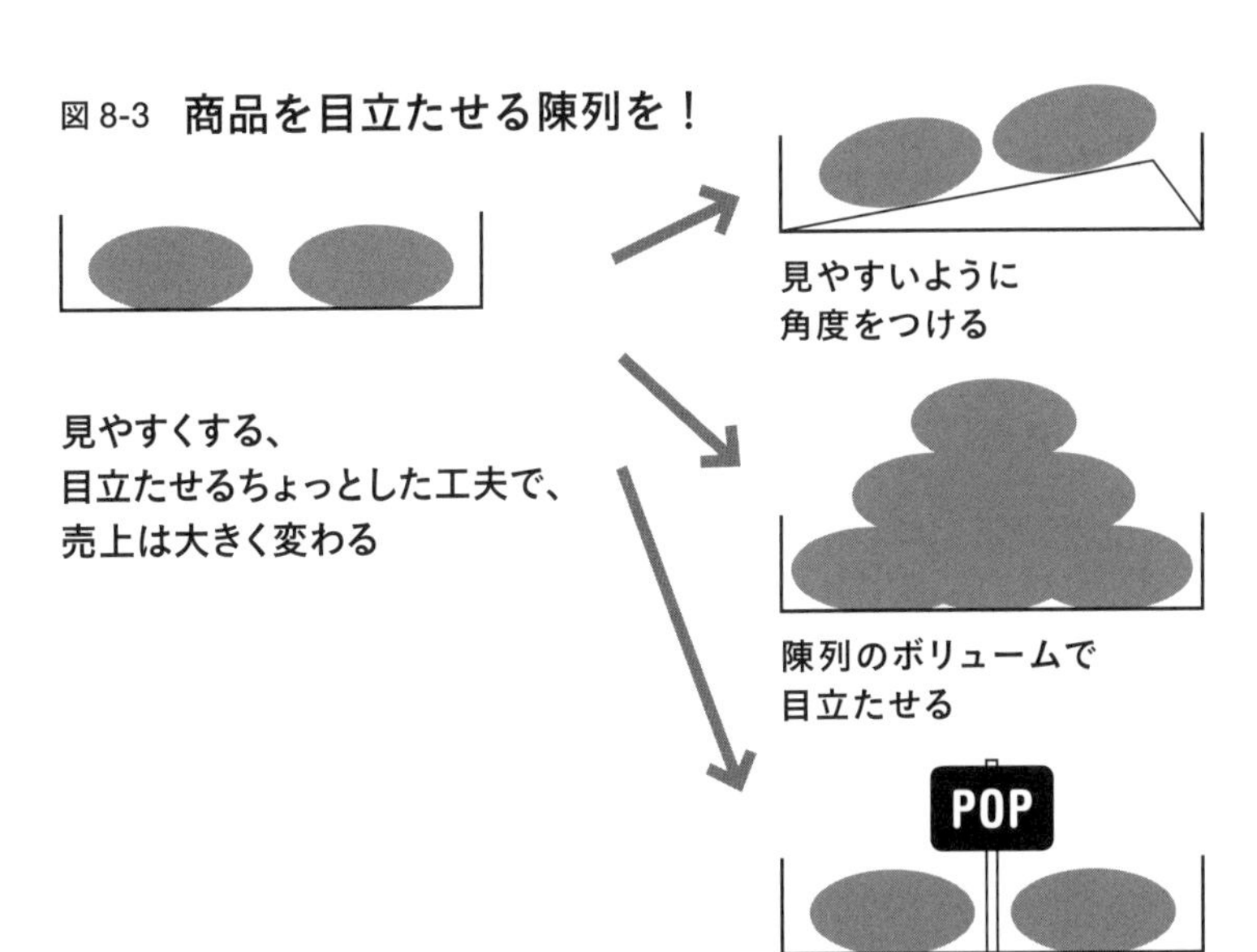

たとえば、上図に示すように、消費者に見えやすいように、角度をつけて陳列したり、売り場での陳列数を増やして、ボリューム感で目立たせてみたり、POP（Point of Purchase）＝売場広告（売場に設置する商品PRの広告）をつけて目を引くようにすることなどが有効です。

なお、直売所において、自分の売り場にPOPを設置する場合、パソコンなどで活字で作って印刷したものや、市販の定型文のPOPよりも、自分で手書きしたPOPの方が消費者の心に刺さり、宣伝効果があります。

直売所は地元の農業者が地元の消費者に販売する血の通った流通ですから、手書きで「手作り感」を出すことが有効なのです。

生産者の顔が見える、ということが直売所の売りの1つである以上、その生産者の「人が透けて見える」ような手書きのＰＯＰによるメッセージが、自分やお店のファンを作ることにつながります。

手書きPOPの例（食べ方の訴求）

売り場づくりのポイント②

鮮度訴求

先にも述べたように、直売所に来店する消費者は、価格の安さよりも鮮度を重視しています。そのため、**鮮度の訴求は非常に重要な要素となります。**

たとえば、早朝に野菜を収穫して直売所に持ち込むのは、生産者からすればいつもの日課かもしれませんが、その野菜には消費者からすれば「朝採り」という大きな魅力があります。

あたりまえすぎて、それを売り場で訴求していない生産者も多いでしょうが、せっかく、鮮度のよい状態で販売しているのですから、しっかりとアピールして売上を伸ばしてください。

朝採りをアピールするPOP

また、消費者は鮮度を目で見えるもので判断します。

たとえば、冷蔵庫内でしなびたり、変色するタイミングで鮮度を判断します。切り花などは、仏壇に供えた後、萎れるまでの期間で判断します。

そのため、POPで「持ちが違う」といった訴求を行うことも有効でしょう。

鮮度に自信がある場合、あえて消費者にその品目の鮮度の見わけ方を伝え、売り場で確かめてもらうようなアプローチも効果的です。

たとえば「ここが硬いのが新鮮な証拠です、触ってみてください」といったPOPをつけて、売り場で確認してもらうわけです。

鮮度のよさを見わける方法を伝えるPOP

鮮度の目利き方法を学んだ消費者は、スーパー等でも同じ視点で農産物を見るようになり、直売所の鮮度と比較して直売所の鮮度の良さを理解してくれるようになります。

売り場づくりのポイント③

消費者への情報提供

直売所に来店する消費者は、野菜や果物に詳しい人ばかりとは限りません。

とくに品種のそれぞれの特徴などを正しく理解している消費者は、生産者が思うほど多くはありません。

正しい情報を消費者にきちんと伝達できなければ、真の価値を理解してもらうことは困難です。

じゃがいもの品種情報の提供例

野菜や果物の情報を消費者に提供するのも、直売所と生産者の重要な役割の一つと考えましょう。

とくに品種の種類が多い品目は、品種別の特徴を伝えて選びやすくするのが効果的です。違いに詳しくなれば、興味が出ていろいろ試したくなり、売上が増えるかもしれません。

品種情報だけではなく、食べ方の情報提供も重要です。

とりわけ、スーパーなどであまり売っていない珍しい野菜や果物は、食べ方がわからないと、消費者はなかなか手を出しません。

最近では、１次加工された農産加工品が多く出回っているため、若年層を中心に、

食べ方を手書きPOPで訴求する事例

アク抜きなどの下ごしらえの方法を知らない消費者も少なくありません。**直売所の店頭で購入を決定してもらうためには、調理方法や美味しい食べ方を店頭で訴求することも重要なのです。**

売り場づくりのポイント④

レシピ提案

食べ方の情報提供に近いですが、商品と季節に合わせたメニューの提案を行うことも販売促進には有効です。

商品そのものの情報というよりは、食事の献立を提案するのがレシピ提案です。

直売所利用の本当のニーズを考えると、消費者は「食材」を買いに来ているのではなく、「昼食」や「夕食」を買いに来ているのです。

ですから店頭で「食事」を提案することは効果的です。

「今晩のメニュー」が決まる売り場は、消費者にとって魅力的な売り場なのです。

提案方法としては、具体的なメニュー（料理）をレシピとして売場に掲示する、商品に同梱する、配布するなどがあります。最近では、インターネットでレシピを提供するレシピサイトも人気があるため、それらとの連携も考えられるでしょう。

また、メニューの提案において、レシピは、特徴があるもの（他ではあまり見られない珍しいレシピ）や、シンプルなもの（簡単に気軽に作れるもの）が消費者に好まれる傾向にあります。

メニュー訴求・レシピ提案のコツ

- 基本的に、複雑なレシピはＮＧ（こだわりすぎると作らない）。
- シンプルなメニュー提案、あるいは大きなテーマに沿ったメニュー提案を実施することが効果的。
（例）トマトすき焼きベーコン鍋提案ではなく、「鍋」という大きなテーマで訴求するなど。
- 価格訴求も、生鮮食品の単品の価格で行うのではなく、メニュー全体での経済性をアピールする方が効果的（例：自宅でカレーなら１食１００円！）

売り場づくりのポイント⑤
欠品ロスをなくす

直売所に持ち込んだ農産物は、売り切れてしまえば、当然ながらそれ以上売ることはできません。

自分の持ち込んだ商品が早い時間に売り切れていないか、しっかりと確認する必要があります。

売り切れによる「機会ロス」が多く発生している場合、持ち込み量を増やしたり、納品の頻度を増やしたりすることで売上を上げることができます。

生産者のスマホに逐次売上情報を送ってくれる直売所もありますが、直売所と密にコミュニケーションをとり、欠品を防ぐことは非常に重要です。

持ち帰りできるレシピを売り場に置く事例

図8-4 直売所での欠品ロスをなくす方法

事例①	**曜日と天気予報で販売数を予測し、直売所に搬入する** **●季節や天気、曜日ごとの来店者数を直売所にヒアリング** ➡ 晴れの日の週末→量を多めに ➡ 雨の日の平日→量を少なめに
事例②	**納品回数を増やし、欠品を防ぐ** **●午前中に商品が少なくなると、直売所からメールがくる** ➡ 追加で午後に納品を行い、午後からくる顧客に対応する ➡ 合わせて午前中に収穫したことを店頭で伝える「鮮度訴求」を実施

欠品ロスを減らすことは、直売所運営にとっても重要です。欠品は店舗の魅力度を下げてしまうためです。

午後に来店する消費者が、いつも欠品ばかりで欲しかった商品が購入できなければ、どうなるでしょうか？

店舗自体に来なくなってしまうかもしれません。

直売所で、午後の売上が午前に比べて著しく低い場合は、欠品の状況を確認してみる必要があります。

売り場づくりのポイント⑥

試食

店頭で最も効果的な農産物の訴求方法は試食です。

「百聞は一見に如かず」という諺があるように、野菜や果物の美味しさを最も効果的に伝える手段は、食べてもらうことです。

とくに珍しい品目や品種の場合、味がわからないことが売れない要因になっているケースがあります。味に自信があって、類似品との違いを知ってもらいたい場合も、食べてもらうのは効果的なＰＲです。

試食は切るだけ、茹でるだけ、塩だけのようなシンプルな食べ方が素材の良さを理

直売所の試食の例

解してもらう意味で効果的です。

また、果物など箱単位で販売する場合も、試食は重要です。箱単位で購入する場合、消費者はバラで購入するより慎重になります。たくさん買って失敗したくないからです。

ですから消費者に試食を提供し、味を確認できるようにすることは、箱単位・ケース単位での販売で重要な要素となります。

ギフトも同様に、相手に贈る商品の品質を確認できるようにすることで、安心して購入してもらえます。

売り場づくりのポイント⑦

パッケージ容量の見直し

売り場づくりというよりも、商品づくりに近い話にはなりますが、商品のパッケージ容量（一袋あたりの入り数、販売単位）を、直売所に来るお客様に合わせて工夫することで売上を伸ばすことが可能です。

日本は少子高齢化が進み、世帯人数が減少していますから、ダイコンやハクサイの２分の

1カット、4分の1カット販売や、ニンジンやジャガイモのバラ販売など、少量販売のニーズは少なくありません。

しかし、自動車で週末にまとめ買いするような消費者が多い直売所の場合は、まとめ買いのニーズがある根菜類や芋類など日持ちのする商品は大袋で販売することも検討できます。

また、直売所用の農産物は、大きく育つ品種をバラ売りする、小さく育つ品種を複数まとめ売りする、といった販売方法を想定して、生産する品目・品種の構成を決めるといいでしょう。

直売所での白菜の半玉売り（小容量化）の事例

直売所で価格競争から脱却するには？

消費者にとって直売所の価格の安さは、鮮度に次ぐ魅力です。ただ、生産者が自分の農産物の売上を伸ばしたいあまり、他の生産者と価格競争を繰り広げ、直売所の運営に支障をきたすことがあります。

お互いに価格を叩き合って、利益の出ない売り場になってしまうと、専業の生産者ほど出荷を続けることが難しくなります。出荷する生産者が減っていけば、最終的には売り場が縮小していってしまいます。

生産者どうしの価格競争が、自分たちの売り場をなくしてしまうことに繋がるのです。

茨城県つくば市にある「みずほの村市場」は農業生産法人みずほが運営する農産物直売所で、高品質な農産物を適正な価格で販売し、農業者を育てる、という理念で運営されています。

この直売所では、出品する農業者は、同じ品目の場合、前に出品している農業者より安い価格をつけてはいけない、というルールがあります。

その結果、生産者間の競争は、価格ではなく品質で行われるようになりました。

今では、直売所に並ぶ農産物の品質の高さが消費者にも伝わり、高価格でも非常によく売れるようになっています。

ここに価格競争脱却のヒントがあります。価格と価値が釣り合っていれば、価格が高くても売れるのです。

直売所内の競争は、生産者価格を下

みずほの村市場(茨城県つくば市)

げるのではなく、価値を上げることで行われることが望ましいと言えます。

また、生産者は直売所にまかせすぎない意識を持つ必要があります。売場に納品した後は、ほうっておいても、直売所が「売ってくれる」と思ってはいけません。

あくまでも直売所で「売る」のは、自分自身である、という意識を持つことが重要です。

普通の小売業（スーパー等）における売り手（生産者）と買い手（スーパー）といった関係とは異なり、直売所と生産者はパートナーです。直売所は生産者を育て、生産者は直売所を育てるという関係になる必要があります。

農産物直売所は、生産者にとっても消費者にとっても魅力的なお店です。新しく作る品種や品目のテスト販売や、自分の農産物を購入する消費者と直接触れ合える場としても活用できます。

近隣に出荷できる直売所があれば、販売チャネルの一つとして検討してみましょう。

P38-41 顔のアイコン / HidamariNeko

さいごに

本書では、マーケティングの基本から、ブランディング、直売所、EC、6次産業化、輸出といったテーマごとのマーケティング手法まで、幅広い視点で顧客に向かいあうヒントを整理・記載しました。ただ、ここで記載した内容は入り口にしかすぎません。

もし、興味をもった内容があれば、その分野について深く掘り下げていくとよいでしょう。それぞれ、専門の書籍がたくさん出ています。

本書で使っているマーケティング用語（セグメンテーションやマーケティング・ミックスなど）は、万国共通であり、一般的なマーケティングの本で使う専門用語そのものです。

本書を読んで得た知識があれば、マーケティングの他の本を読み解きしやすくなるはずです。そういった意味では、本書は知識をさらに深めていくための、入り口であるとも言えます。

人々の生活は時代に応じて変化していきます。生活の変化には、当然、食生活も入ります。10年後、20年後、30年後と今の食卓を比較すると、きっと様々な変化があるでしょう。

食卓にならぶイタリアンハーブや、香草の数は増えているかもしれません。純粋な和食を食べる機会は減っているかもしれません。お弁当を彩る野菜の数は増えているかもしれません。有機栽培の野菜や果物の割合は増えているかもしれません。

農業を事業（ビジネス）として営んでいくとき、こうした変化に対応していくことが必要となります。食べる人、売る人、買う人のニーズに合わせたマーケティングを常に考えていく必要があるのです。

これは、つまり「マーケティングの学習と実践には終わりがない」ことを表しています。常に勉強し、常に実践していくのがマーケティングです。

そして、何よりも重要なことは、農業生産、農業ビジネス、６次産業化、輸出、ブランディングのすべてに言えることですが、「継続は力なり」ということです。これは、ただ続ければよいというものではありません。

はじめからうまくいく事業や取り組みは多くはありません。常に現状を把握し、問題点を見つけ、それに対応していくことで、だんだんと売上が伸びたり、リピーターが増えたり、収益があがっていくのです。

手を変え品を変えとはよく言ったもので、商品そのものから、販売手法まで、いろいろと試行錯誤して、自分の農業ビジネスや商品、ブランドを「育てていく」ことが大切です。育てていく意識をもって継続していけば、必ず成功します。

これは根性論でも、精神論でも何でもなく、第5章の6次産業化でも書いたように「成功するまで続ければ失敗しない」というシンプルな事実です。

トライアンドエラーを繰り返しながら、5年、10年と続けていくことができれば、きっと気づいたときには、周囲から「成功しているね」、「うまくやっているね」と言われていることでしょう。

担い手の高齢化と不足、耕作放棄地の増加、環境対応と持続可能性の確保、IT化・スマート化など、日本の農業は現在、大きな変革期、転換点にあると思います。

そんな今だからこそ、新しいことに挑戦するタイミングだと言えます。時代が変わるときは、自分達も変わっていかなければなりません。

時代を切り拓く農業をやっていくなかで、マーケティング思考はきっと、あなたの一つの武器となるでしょう。本書を手に取るあなたの活躍を祈念しております。

本書は、勤務先である流通経済研究所の皆様、顧客の皆様、連携事業者の皆様との仕事があったからこそ執筆できたものです。

また、私のマーケティングの基礎は３名の恩師、上原征彦先生、佐藤忠彦先生、西尾チヅル先生によって鍛えられました。ここで皆様に、最大の感謝を申し上げます。さらに、本書の中で写真や事例掲載を許諾いただきました大治の本多様、サプライジングファーマーズの木山様、カネシゲ農園の古田様、千葉市様、新庄市様、みずほの村市場の長谷川様には重ねて御礼を申し上げます。また、イカロス出版の手塚さんからは編集者として的確かつ、暖かいアドバイスを頂きました。本当にありがとうございました。

皆様への感謝をもって、本書を終えたいと思います。

２０２１年５月

折笠俊輔

〈参考文献〉

American Marketing Association, https://www.ama.org/
C.K.プラハラード,『ネクスト・マーケット』,2004年
JETRO（作成協力：流通経済研究所）,『食品輸出マーケティングスクール テキスト』,2017年
Philip Kotler, Kevin Lane Keller, 恩藏 直人 ,『コトラー&ケラーのマーケティング・マネジメント 第12版』,丸善出版,2014年
上原征彦,『マーケティング戦略論—実践パラダイムの再構築』, 有斐閣,1999年
上原征彦,「特集：地理的表示保護制度と地域ブランドの新展開」,『明日の食品産業』, 食品産業センター, 2014年, 449号, pp.6-10.
小川孔輔,『ブランド戦略の実際』,日経文庫,2011年
折笠俊輔,「農業を基盤とする地域産業の活性化」,『農業経営 新時代を切り開くﾋﾞｼﾞﾈｽﾃﾞｻﾞｲﾝ』,丸善出版, 2章,2017年
折笠俊輔（執筆・監修）,『Agriweb（販路開拓）』,農林中央金庫, https://www.agriweb.jp/knowledge/processing/cat5/
小林 哲,『地域ブランディングの論理 -食文化資源を活用した地域多様性の創出』有斐閣,2016年
セオドア・レビット（著）, 有賀 裕子（翻訳）, DIAMONDハーバード・ビジネス・レビュー編集部（翻訳）,『T. レビット　マーケティング論』,2007年
西尾チヅル(編著),『マーケティングの基礎と潮流』,八千代出版,2007年
野口智雄,『マーケティングの基本（第2版）』,日経文庫,2007年
公益財団法人流通経済研究所,『インストア・マーチャンダイジング〈第2版〉』,日本経済新聞社,2016年
和田 充夫 , 恩蔵 直人 , 三浦 俊彦,『マーケティング戦略 第5版』,有斐閣,2016年

折笠 俊輔（おりかさ しゅんすけ）

1983年、福島県郡山市に生まれる。養蚕農家の孫。

公益財団法人 流通経済研究所 主席研究員。

農業・環境・地域部門 部門長。

早稲田大学商学部卒業、筑波大学大学院ビジネス科学研究科修士課程修了。

精密機器メーカー（営業職）を経て、現職。

農林水産物の流通・マーケティング、6次産業化の販路開拓、地域ブランド構築、物流の効率化、買物困難者対策といった領域を中心に、理論と現場の両方の視点から研究活動・コンサルティングに従事する。

日本農業経営大学校の非常勤講師をはじめ、自治体やJA等での講演、講師実績多数。

「Agriweb」（www.agriweb.jp/ 農林中央金庫）で販路開拓関連記事を執筆中。

主な著書に『農業経営 新時代を切り開くビジネスデザイン 』（丸善出版、共著）、『店頭マーケティングのための POS・ID-POSデータ分析』（日本経済新聞出版、共著）、『インストア・マーチャンダイジング』（日本経済新聞出版、共著）。

農家の未来はマーケティング思考にある

EC、直売、輸出　売れるしくみのつくり方

2021年6月25日　初版第1刷発行

著者　折笠 俊輔
発行者　塩谷 茂代
発行所　イカロス出版株式会社
〒162-8616　東京都新宿区市谷本村町2-3
電話　販売03-3267-2766
電話　編集03-3267-2719

ブックデザイン 木澤誠二
印刷・製本所 図書印刷株式会社

Printed in Japan
ISBN978-4-8022-1044-7
乱丁・落丁本はお取り替え致します。
本書のコピー、スキャン、デジタル化等の無断複製は、著作権法上での例外を除き禁じられています。